과학, 명화에 숨다

명화 속 물리 이야기

과학, 명화에 숨다

명화 속 물리 이야기

김달우 지음

전파과학사

　진리는 불변이지만 이를 표현하는 방법은 다양하다. 물리학은 진리를 추구하는 이성적이고 논리적인 학문이며 그 본질을 이해하기는 쉽지 않다. 물리학에서 다루는 주제를 정확히 표현하기 위하여 주로 수학을 이용하는데, 수학 자체도 어려우니 물리학을 깨닫기는 더욱 어렵고 재미가 없을 수밖에 없다. 그래서 수학을 사용하지 않고 물리학을 이해할 수 있는 표현 방법을 고심하던 끝에 미술을 택했다. 얼핏 생각하기에 물리학은 이성적인 학문인 데 반하여 미술은 감성적인 시각예술이어서 이 둘은 전혀 어울리지 않을듯한 조합이지만 나는 물리학과 미술 두 가지를 모두 좋아하기 때문에 물리학을 미술로 표현하려는 꿈을 언젠가부터 꾸고 있었다. 그러던 중에 시카고 미술관에서 본 그림들이 나의 가슴에 불을 지르고야 말았다. 그전에도 미술관에 여러 번 다니기는 했어도 다만 미술작품 감상에 심취할 뿐이었으나 어느 날부터 그림과 물리학이 하나둘씩 연결되기 시작했다. 그리하여 미술관에 전시된 상당히 많은 예술작품과 물리학을 연결하게 되었다.

　물리학의 본질은 자연의 현상으로부터 사물의 근본 이치를 찾는 데 있고 미술은 눈에 보이는 자연이나 생활상을 그림으로 묘사하고 있으니 자연을 중심에 놓고 보면 한쪽에는 물리학이 있고 다른 한쪽에는 미술이 있는 셈이다. 그러니 미술작품에서 물리학의 여러 가지 주제들을 만나는 것은 자연스러운 일이라 할 수 있다. 그러다 보니 미술관을 향한 나의 발길은 어느새 자연의 본질을 추구하는 물리학과 맞닿게 되었다. 그렇게 눈은 그림을 보면서 머리로는 이들과 연관된 물리학을 생각하는 나 자신을 발견했다. 예를 들어 증기를 뿜는 고흐의 기차는 작품 자체가 나의 가슴을 뛰게 하는 동시에 기차가 내뿜는 뿌연 스팀은 산란이라는 광학현상을 연상하게 하며, 베니스에서 뱃놀이를 즐기는 사전트의 그림에서는 부력을 떠올리고, 호머의 청어잡이에서는 거친 바다에서 고기잡이를 하는 어부들의 고된 삶과 아울러 배가 뒤집히지 않고 물에 떠 있게 하기 위하여 위태로운 자세를 취하는 어린 어부의 모습은 무게 중심을 설명하기에 충분했다.

물리적인 시각으로 미술관에 전시된 작품들을 바라보니 물리학과 결부시킬 수 있는 그림들이 곳곳에 산재해 있어 물리학 대부분의 주제를 전시된 그림과 연결할 수 있었다. 그때부터 시카고 미술관에서 즐거운 그림 사냥이 시작되었다. 날마다 아침부터 저녁까지 미술관으로 출퇴근하다시피 하며 온종일 전시실을 돌고 돌며 그림을 감상하는 동시에 필요한 자료들을 수집하고 미술작품과 연관되는 물리학 주제를 찾아 이 둘을 연결시키는 작업을 계속했다.

시카고 미술관The Art Institute of Chicago은 1879년에 시카고 시내에 설립된 미술관으로 연간 방문객이 약 150만 명에 이른다. 예술작품은 약 30만 점의 영구 컬렉션이 있으며 매년 30개 이상의 특별전시회가 열린다. 시카고 미술관에는 인상주의, 신고전주의, 입체파, 야수파 등의 회화와 중

5

세시대의 성화까지 다양하게 전시되어 있다. 또한 그리스, 로마시대부터 현대에 이르기까지 다양한 조각품들이 전시되어 있다. 시카고 미술관에서 눈에 익숙한 예술품들을 실제로 앞에 두고 감상하는 것은 나에게는 큰 호사이자 기쁨이 아닐 수 없었다. 또한 미술을 전공하지 않은 내가 처음 보는 그림들은 참신함을 안겨줄 뿐 아니라 그동안 모르고 지내던 새로운 세계를 대하는 것 같아 말로 표현하기 어려운 벅찬 즐거움이 느껴지곤 했다.

특히 눈에 익은 인상주의 화가들의 작품들이 많아서 왠지 친근한 느낌이 들고 나도 모르게 여기에 눈길이 오래 머물곤 했다. 고흐, 고갱, 세잔, 마네, 모네 등 대표적인 인상주의 화가들의 작품을 자꾸 감상하다 보니 그림의 내면까지도 이해되는 듯했다. 처음에는 별로 재미없다고 생각되던 성화조차도 그림이 그려진 수백 년 전의 연대를 생각하면 캔버스에 순수함과 신선함이 느껴졌다. 시카고 미술관에는 유럽 지역의 작품 이외에도 미국, 아시아 등 여러 지역의 미술가들이 그린 인물화, 풍경화, 추상화까지 수많은 장르의 작품들을 아우르고 있다.

이 책은 물리학을 토대로 일반물리학에서 취급하는 유체, 역학, 열역학, 소리, 광학, 전자기학 등을 기술했다. 물리학의 내용과 부합되는 미술작품은 선정 후에 작품의 미술 해설과 아울러 화가에 대한 설명도 곁들이고 그와 관련된 미술사조에 대해서도 소개했다. 그리고 미술작품을 통해서 물리학의 주제별 개념을 흥미 있게 이해하는 것을 목표로 하고 있으므로 물리학에 흔히 등장하는 수식은 전혀 사용하지 않고 마음 편히 읽을 수 있게 했다. 또한 시대에 따라 발생한 미술사조를 통해서 시대별 그림의 특성을 이해하도록 하였으며 재미있는 일화가 깃든 그림에는 숨겨진 이야기도 소개하여 더욱 흥미를 가지게 하였다. 이 책에 소개된 미술작품들은 시카고 미술관이 소장하고 있거나 특별전시회를 통해서 전시한 작품들이다. 때로는 물리학 주제와 미술작품이 직관적으로 일치하지는 않지만 그림을 소개하고 싶은 욕심에 상상력을 동원하여 조금 무리하게 연결한 미술작품도 있음을 양지해 주기 바란다. 미술을 통한 표현이 물리학의 진리를 깨닫는 데 도움이 될 뿐만 아니라 때로는 즐거움을 주기도 하는 바람으로 이 책을 저술했다.

　그동안의 시간을 되돌려 보면 아내와 함께 미술관에서 그림을 감상하며 보낸 시간은 행복 그 자체였다. 미술관에서 시간을 보낼 수 있게 실질적인 도움을 준 아들 내외에게 감사를 보낸다. 이 책을 저술하던 중에 마침 중등학교에 다니는 손녀가 할아버지와 물리 공부를 하고 싶다고 하여 책을 발간하기 전에 이 책의 원고를 손녀의 개인 교습용 물리학 교재로 사용한 것도 큰 즐거움이었다. 기쁜 마음으로 물리 공부를 한 손녀에게도 깊은 사랑을 보낸다.

2022년 가을
물리학과 미술의 진정한 만남을 바라며.

서론

제1장

유체

Pierre-Auguste Renoir, Seascape, 1879

〈바다 풍경화〉는 르누아르의 기질과 가벼운 터치에 의해서 시적으로
표현된 자연 그대로의 노르망디 해안 모습이다. 여기에서 화가는 그림
이 그려진 장소를 도시화나 현대화로 인한 손때가 아직 묻지 않은 것으
로 묘사했다. 또한 바다의 물결과 파도를 섬세한 붓질을 통해 청자색으

로 칠함으로써 인력으로 대항할 수 없는 거칠고 맹렬한 폭풍조차도 힘으로 길들일 수 없는 자연의 대상으로 나타내는 대신에 장식적이고 멜랑콜리한 분위기로 표현했다.

물리 | 유체란 일정한 형태가 없고 자유롭게 흐를 수 있는 액체, 기체, 플라즈마 등의 물질을 일컫는다. 물이나 공기가 대표적인 유체이다.

미술 | 르누아르는 프랑스의 대표적인 인상주의 화가로 색깔을 선명하게 사용했으며 색채화가로 알려져 있다. 그는 풍경화와 인물화를 선호했으며 특히 여성의 아름다움과 관능미

Dance at Le Moulin de la Galette, 1876

를 묘사하는 데 뛰어났다. 그의 그림은 생생한 빛과 채도가 높은 색상을 사용한 부드럽고 화사한 붓 터치로 질감의 효과를 극대화시켰다. 노년에는 붓을 들기 힘들 정도의 관절염에도 그림을 계속 그렸으며 '고통은 지나가도 아름다움은 남는다'라는 명언을 남겼다. 그의 대표작 〈물랭 드 라 갈레트의 무도회〉는 모임에 모인 사람들의 즐겁고 흥겨운 분위기를 생기발랄하게 묘사하고 있다.

물의 모양

동양고전에서는 물의 모습을 닮으라고 한다. 물은 일정한 모양이 없고 담는 그릇에 따라서 모나게도 되고 둥글게도 된다. 이러한 특성을 교훈으로 삼자는 의미에서 '水隨方圓器 人從善惡友'(물은 그릇에 따라서 모나게도 되고 둥글게도 되며 사람은 친구에 따라서 착하게도 되며 악하게도 된다)는 말이 있다.

칼로 물 베기

'부부 싸움은 칼로 물 베기'라고 한다. 남편과 아내가 싸울 때는 아주 심각한 것 같다가도 나중에는 아무 일도 없었다는 듯이 지낼 때 하는 말이다. 칼로 두부를 베거나 나무를 베면 두 조각으로 갈라지거나 칼이 지나간 자국은 없어지지 않고 남아 있다. 그러나 칼로 물을 베면 물은 갈라지지도 않고 아무런 자국도 남지 않는다. 이태백은 멀리 떠나는 친구를 전송하며 다음과 같은 시를 지었다. '抽刀斷水水更流'(칼을 뽑아 물을 자르지만 물은 다시 흐르고 배 지나간 자취는 남지 않는다) 조용한 호수 위로 배가 지나가면 배가 지나간 자리에 길게 선이 그어진다. 그러나 시간이 조금 지나면 아무런 흔적도 남지 않고 물은 다시 잠잠해진다. 그래서 무슨 일이든 감쪽같이 사라지고 흔적조차 보이지 않게 되었을 때 '죽 떠먹은 자리'라는 말을 한다. 이렇게 물체가 지나가거나 힘을 가해도 아무런 자취를 남기지 않는 것은 유체만이 가지고 있는 특성이다.

독수리가 날아간 자리는 나타나지 않는다

공기는 형태가 없으며 잡히지도 않는다. 그래서 우리는 손으로 바람을 잡으려 해도 잡히지 않는다. 그러나 공기가 보이지 않고 잡히지 않는다고 해서 존재하지도 않는다는 것은 아니다.

? 수수께끼

· 물은 물인데 사람들이 가장 무서워하는 물은?　　　　　　　　괴물
· 물은 물인데 사람들이 가장 좋아하는 물은?　　　　　　　　　선물
· 물을 얼음으로 만드는 방법은?　　물(水)에다 점 하나만 찍으면 얼음(氷)이 된다.

---

1. 유체의 압력

유체는 질량을 가진 물질들로 구성되어 있으며 사방에 퍼져 있어서 주변에 압력을 미친다.

가벼운 공기가 무거운 차를 지탱한다

자동차를 편안하게 타고 다닐 수 있는 것은 타이어에 들어 있는 공기 때문이다. 밀폐된 타이어 안에 공기가 많을수록 기체의 충돌 횟수가 증가하므로 압력이 커져

타이어 공기가 무게를 지탱한다

서 무거운 차체도 들어 올린다. 이와 반대로 타이어에 바람이 빠져 기체의 충돌 횟수가 줄어들면 타이어의 압력이 감소한다.

덜컹거리는 수레바퀴

발리의 〈이사〉는 프랑스 혁명이 일어난 후 야기된 주택 부족, 오르는 월세, 렌트의 기간이 다 되어서 억지로 이사를 나가야 되는 가족 등 점차 늘어나는 사회적 문제를 시각적으로 고발한 작품이다. 여기서 이사는 단순히 새로운 집으로 옮기는 것보다 더 큰 의미를 가지고 있다. 오른쪽 뒷 배경에 있는 영구차와 멀리 보이는 교회를 통해서 피할 수 없는 마지막 이사라고 할 수 있는 죽음을 반영함으로써 이 작품은 그 당시의 비평을 더욱 심오하게 함축했다.

물리 | 그림의 중앙에 그려진 수레바퀴는 길을 갈 때 심하게 덜컥거리는 반면 요즘의 자동차는 부드럽게 주행한다. 이는 자동차 타이어에 들어 있는 공기가 쿠션 역할을 하기 때문이다.

Louis Leopold Boilly,
The Movings, 1822

바퀴와 공기

바퀴는 기원전 3500년 메소포타미아 지방에서 사용하기 시작했다. 새로운 소재가 등장하고 공학이 발전함에 따라 바퀴는 변신을 거듭하여 1800년대 말엽에는 현대적인 모습의 공기압 타이어가 등장했다.

미술 | 발리는 초상화와 아울러 프랑스 중산층의 생활을 기록하는 수많은 장르 그림을 제작했다. 그는 당대의 관습을 감성적이며 익살스럽게 묘사했다. 또 사실적인 기법을 사용하여

Gremaces, 1823

사물이 입체적으로 존재하는 착시효과(트롱프뢰유)를 일으키도록 했으며 처음으로 트롱프뢰유라는 용어를 미술에 적용했다. 〈찡그린 얼굴들〉은 트롱프뢰유를 사용하여 화면에서 튀어나올듯한 익살스러운 모습을 그린 작품이다.

대기압

지구상의 공기는 지표면에서 위로 올라갈수록 점차 희박해지며, 지상 1,000km 정도의 높이까지 공기층에 둘러싸여 있는 대기권을 이루는 공기가 해수면에 미치는 압력을 대기압이라고 한다. 대기압의 크기는 1기압이며 이는 면적 1cm²당 1kg 중의 힘이 가해지는 공기의 압력을 뜻한

다. 다시 말해 지표면의 면적 1㎠ 위에 하늘 높이까지 수직 기둥을 세우면 그 기둥 안에 들어 있는 공기의 무게가 1㎏ 중이라는 의미이다.

이러한 공기의 무게는 기압으로 작용한다. 우리는 평균 1기압의 환경 속에서 생활하고 있다. 따라서 몸의 표면적을 고려하면 우리는 20톤, 즉 어른 300명 정도가 누르는 무게를 받고 있다. 그러나 공기가 누르는 힘을 느끼지 못하고 있는 이유는 우리의 몸 안쪽에서는 기압과 동일한 압력으로 팽창하도록 진화되어서 그러한 압력에 익숙해져 있기 때문이다. 이는 깊은 물속에 사는 심해어가 큰 압력은 잘 견디지만 압력이 작은 얕은 물에서는 살 수 없는 것과 마찬가지이다. 기압의 단위로는 기압, 파스칼, mmHg, torr 등이 있으며 1기압(atm)=101,325 Pa=760mmHg=760torr이다.

높은 산에서는 호흡이 곤란하다

공기의 압력, 즉 기압은 공기에 무게가 있기 때문에 생기는 현상이다. 파스칼은 평지와 산 정상에서 기압을 측정하여 높은 산에서의 기압이 평지에서의 기압보다 더 낮다는 것을 확인했다. 그리하여 기압 관측을 통하여 산의 고도를 측정할 수 있게 되었다. 항공기에 설치된 고도계도 기압의 측정을 이용한 것이다. 고도가 높을수록 기압이 낮아지고 높이

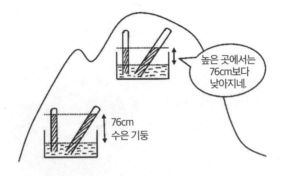

수천 미터 이상의 높은 산에서는 숨쉬기조차 힘들어진다. 또한 높은 산에서는 밥이 충분히 익지 않고 설익은 밥이 되는 것은 기압이 낮기 때문에 일어나는 현상이다. 비행기가 이륙하거나 착륙할 때 귀가 먹먹해지거나 고층 빌딩의 고속 엘리베이터를 타도 귀가 먹먹해지는 것은 기압이 갑자기 변하기 때문에 생기는 현상이다.

가냘픈 빨대로 생감자를 뚫을 수 있다

에번스의 〈아일랜드의 문제〉는 줄에 매달린 두 개의 감자를 나무 판넬에 그린 작품으로써 외관상 전혀 복잡해 보이지 않으나 여러 가지 질문을 불러일으키는 눈속임 그림이다. 작품의 제목은 19세기 후반의 아일랜드의 곤란한 상태를 언급하는 것 같다. 줄에 매달린 감자는 불길한 함축 또는 유머의 우울한 센스를 암시한다. 〈아일랜드의 문제〉와 같은 환상적 그림은 시각적 속임의 즐거운 형태와 함께 관객들의 기준에 따라 저마다의 의문을 가지게 한다.

De Scott Evans, The Irish Question, 1880s   A New Variety, Try One, 1878

미술 | 에번스는 여러 장르에서 작업한 미국 화가로서 생전에는 풍속화와 세련된 젊은 여성의 초상화로 유명했다. 그러나 그의 사후에는 눈속임 기법을 적용한 트롱프뢰유 정물화로 명성을 얻고 있다. 그의 트롱프뢰유 작품 중 〈신품종, 시식해 보세요〉는 깨진 유리가 덮인 나무상자에 담긴 아몬드를 묘사한다. 시식해 보라고 손 글씨로 쓴 메모지는 그림을 보는 관중들이 아몬드를 먹어보고 싶은 유혹에 넘어가지 않을 수 없게 만들고 있다.

물리 | **빨대의 한끝을 막으면 단단한 생감자를 뚫을 수 있다**

빨대로 생감자를 찌르면 빨대는 구부러진다. 그러나 빨대의 위쪽 끝을 손가락으로 막고 감자를 찌르면 구부러지지 않고 감자를 뚫을 수 있다. 이것은 빨대의 양 끝이 손가락과 감자에 의해 막혀서 빨대 안에 있는 공기가 밀폐되어 압축되면서 내부의 압력을 증가시켜 빨대를 단단하게 지탱해 주기 때문이다. 이와 같이 밀폐된 공기는 압축될수록 압력이 커진다.

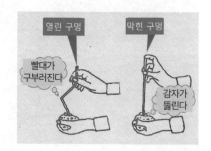

빨대가 있으면 잔을 기울이지 않고도 음료를 마실 수 있다

〈술꾼들〉은 고흐가 프랑스 남부 지방의 작은 도시에 있는 정신병원에서 지낼 때 그린 것이다. 이 기간 동안 고흐는 작품 활동이 대단히 활발했으며 화가로서 자기의 능력에 확신을 가지려고 애썼다.

Vincent van Gogh, The Drinkers, 1890

그는 자기가 존경하던 화가들의 작품들을 복사하면서 스스로를 재훈련시켰다. 이 작품은 다우미어Daumier의 흑백 그림을 모사하여 그렸으나 활기 넘치는 색깔은 고흐 자신의 발명이다. 초록색 팔레트는 압신주라는 독주를 마신 알코올 중독자의 환각으로 보이는 색깔을 표현한 것이다.

미술 | 고흐는 네덜란드 후기 인상파 화가로서 대담한 색상과 표현력이 풍부한 작품을 만들었다. 그는 자신이 존경하던 화가들의 그림을

모사하면서 자신만의 독특한 화풍을 만들었다. 화려한 색채와 나선형 물결의 모양으로 형상을 구성하는 방식을 취했는데, 〈별이 빛나는 밤〉이 이런 독특한 선으로 구성된 대표작이다.

The Starry Night, 1889

고흐의 그림은 생전에 한 점도 팔리지 않았으나 오늘날 그의 작품은 세계에서 가장 비싼 그림 중 하나가 되었다. 〈폭풍이

Landscape under a Stormy Sky, 1889

몰려오는 하늘 아래 풍경〉은 2015년에 5,400만 달러에 팔려 그림을 그리는 데 걸린 시간을 고려하면 가장 비싼 그림으로 간주되고 있다.

물리 | 빨대로 음료를 마실 때는 잔을 기울일 필요가 없다

빨대를 음료수 잔에 꽂고 빨면 잔을 기울이지 않아도 음료가 입으로 들어온다. 이것은 빨대에 입을 대고 빨면 빨대 속이 진공이 되어 대기압이 음료를 입안으로 밀어주기 때문이다. 따라서 공기가 없는 달에서는 지구에서처럼 빨대로 음료수를 마실 수 없다.

대기압의 세기를 최초로 측정한 마그데부르크 실험

대기압이 얼마나 강한지를 보여주는 최초의 실험이 독일의 마그데부르크에서 실행되었다. 독일 마그데부르크의 시장인 게리케Otto von Guericke는 대기압의 세기가 얼마나 센지 궁금해서 1654년에 실제로 대기압을 측정했다. 그는 공을 반으로 쪼갠 형태로 두 개의 반구를 만들어 이들을 서로 마주 댄 후 진공펌프로 내부를 진공으로 만들어 오로지 대기압에 의해 두 반구를 부착시켰다. 그리고 진공상태의 공을 잡아당겨 반구를 떼어내는 데 얼마의 힘이 필요한가를 측정했다. 그가 실험에 사용한 반구의 직경은 30㎝에 불과했지만 이를 떼어내는 데는 양쪽에 8마리씩, 모두 16마리의 말이 잡아당겨야 했다.

마그데부르크의 반구

얇은 고무판으로 무거운 물건을 지탱하는 빨판

속이 움푹 파인 빨판을 이용하여 물건을 매끈한 유리나 타일에 걸어

놓으면 접착제를 사용하지 않아도 떨어지지 않고 붙어 있는 것도 마그

데부르크의 원리 때문이다. 고무로 된 컵의 입구를 벽에 붙이고 컵 안

의 공기를 빼내면 컵 바깥쪽 기압이 커서 컵을 벽면 쪽으로 밀게 되는

데 이것이 빨판의 기본 원리이다. 따라서 빨판과 타일 사이에 아주 작은

틈이라도 생기면 이 사이로 공기가 빨려 들어가 빨판은 금방 떨어진다.

산 위에서는 공기가 희박하므로 기압이 낮아 빨판을 지탱하는 힘이 약

해진다. 이런 이유로 공기가 없는 우주에서는 빨판은 전혀 쓸 수가 없게

된다.

대기압 매트

대기압 매트는 빨판과 같은 원리로 물건을 들어올리는 데 사용된다.

대기압 매트는 얇은 고무판에 손잡이를 붙인 형태로 만들어져 있는데 매트가 테이블의 평평한 면에 놓이면 매트와 테이블 사이에 공기가 들어가지 못하므로 압력이 낮은 영역이 생겨 테이블이 매트와 달라붙는다.

기압과 일기예보

토리첼리는 유리관 속 수은주의 높이가 같은 장소에서도 날마다 미세하게 변화하는 현상을 발견했으며 이러한 기압의 변화는 일기예보의 기초가 되었다.

- 관절이 욱신거리면 비가 온다.
  저기압권에서 관절 내부 기압과 대기 기압 사이의 균형이 깨져서 통증이 생긴다.

- 하수구 냄새가 심하면 비가 온다.
  습한 날에는 대기의 대류 현상이 활발하지 않아서 냄새가 흩어지지 않고 지독한 냄새를 풍기게 된다.

- 연못이나 저수지에 거품이 많으면 비가 온다.
  저기압이 접근하면 기온과 함께 수온도 올라가게 되고 연못이나 저수지에 침전되어 있던 유기물이 발효를 해서 가스를 내뿜어 거품이 많아진다.

- 새벽안개가 짙으면 맑다.
  봄, 가을에 주로 고기압권 내에서 구름 없는 맑은 날 새벽에는 야간 복사냉각에 의해 지표 기온이 하강하여 안개가 발생하게 된다.

토리첼리의 실험

깊은 우물물이 펌프질되지 않는다는 것은 중세 시대에 잘 알려진 현상이었으나 그 원인을 알 수는 없었다. 토리첼리는 이것을 설명하기 위하여 한쪽 끝이 막힌 유리관 속에 수은을 가득 채워 넣고 열려 있는 다른 쪽 끝을 손으로 막은 후 수은이 담겨 있는 그릇에 유리관을 거꾸로 세우고 손을 뗐다. 유리관 속의 수은은 중력에 의해 모두 관 아래로 내려가고 말 텐데, 높이 76cm까지만 내려가고 멈추었다. 이것은 수은주의 무게와 그릇 속에 담긴 수은 면에 걸리는 공기의 압력이 평형을 이루기 때문이었다. 즉, 공기의 압력(기압)은 높이 76cm인 수은 기둥이 누르는 압력과 같다. 공기는 무게를 가지고 있기 때문에 물체에 압력을 작용하며 이러한 공기의 압력으로 인해 펌프로 우물물을 퍼 올릴 수 있음을 알아낸 것이다.

우물물 퍼올리기

드레스덴에서 주로 작품활동을 한 리히터는 작품 구상을 위하여 19세기 초에 로마를 여행하고 독일로 돌아간 후 〈그로타페라타의 우물〉을 그렸다. 이 작품은 해당 지역을 유명하게 만든 요새화된 수도원을 배경으로 한 로마 외곽 지역의 이탈리아 시골을

Ludwig Richter, The Fountain at Grottaferrata, 1832

섬세하게 묘사한 그림이다. 대단히 자연주의적인 풍경이지만 고전적으로 구성되었으며 민속적인 의상을 입은 인물들, 드라마틱한 광선 등은 이탈리아 풍경을 독일인의 감각으로 바라본 화가의 세대를 요약한다.

미술 | 리히터는 19세기 중반 전형적인 독일의 삽화가였다. 그는 풍경 속에 그림의 이야기 주제를 철저히 혼합하는 것을 목표로 했다.

또한 그는 그림^{Grimm} 형제의 동화 이야기에 등장하는 삽화의 여러 목판화를 제작했다. 〈Fuschlsee im Salzkammergut〉는 낭만주의 스타일로 그린 작품이다.

Fuschlsee im Salzkammergut, 1823

물리 | 아주 깊은 우물물은 퍼 올릴 수 없다

이탈리아의 토스카나 대공은 궁전 뜰에 우물을 새로 팠다. 그러나 그곳에는 지하수가 쉽게 발견되지 않아 땅속 깊숙이 무려 지하 12미터까지 파내려 가서야 우물물이 나왔다. 그런데 아무리 펌프질을 해도 우물물이 전혀 뿜어져 나오지 않았다. 그래서 토스카나 대공은 이 수수께끼 같은 의문을 풀어 보도록 당시에 가장 유명한 과학자였던 갈릴레이에게 의뢰했고, 갈릴레이는 그의 제자인 토리첼리에게

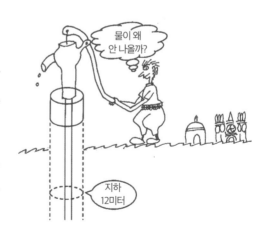

이 문제를 연구해 보도록 맡겼다. 실험결과 토리첼리는 대기압은 수은주 76cm와 같은 압력이며 수은 76cm의 무게는 물 10미터 (76cm × 13.6 = 10미터)의 무게와 같으므로 물을 10미터 이상 펌프질 할 수 없다는 것이 이 실험으로 입증되었다.

토리첼리의 진공

토리첼리는 유리관 속에 들어 있는 수은의 높이가 항상 76cm로 일정하게 유지되고 유리관의 윗부분에는 텅 빈 공간이 생긴다는 사실을 발견했는데, 원래 유리관은 수은으로 채워져 있었고 그것을 거꾸로 세운 것이기 때문에 공기가 들어갈 틈은 없었다. 이로 인해서 토리첼리는 진공의 존재를 알게 되었다. 이것은 과학 역사상 중요한 발견으로 토리첼리는 자연계에 진공이 존재하지 않는다는 아리스토텔레스의 이론을 뒤엎고 진공을 만들어 내게 되었으며 그는 이 실험을 통하여 최초로 진공상태를 확인한 것이다. 그는 또한 높은 산 위에서는 기압이 작아지므로 산 아래에서 펌프질 할 수 있는 우물의 깊이가 더 얕아진다는 사실을 알았다. 압력의 단위 토르 Torr는 토리첼리Torricelli의 공적을 인정하여 그의 이름에서 따온 것이다.

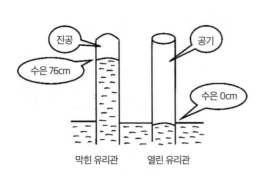

막힌 유리관   열린 유리관

Camille Pissaro, Woman and Child at the Well, 1882

우물가의 여인

1880년대에 피사로는 그 당시의 인상주의 화가들이 그러했듯이 지난 10년 동안 사용하던 스타일과는 다른 그림을 추구했으며 풍경화보다는 인물화에 초점을 두었다. 그리하여 1882년에 개최된 제7회 인상파 전시회에 출품한 36점의 작품 중에 무려 27점이 인물화였다. 〈우물가에 어린이와 함께 있는 여인〉은 고된 일을 하다가 잠시 쉬고 있는 시골 소녀를 묘사한 작품이다. 작품 속 인물들의 포즈와 제스처는 무언가 이야기를 전하려는 듯하지만 정확한 의미는 아리송한 상태이다. 그림 속에 있는 어린이는 당시 네 살이던 피사로의 넷째 아들이다.

미술 | 피사로는 인상주의 그룹을 결성했을 뿐 아니라 그들 중 가장 나이가 많고 따뜻한 마음을 가진 성격 덕분에 인상주의 화가들의 악장이라고 불렸다. 그는 1874년부터 1886년까지 개최된 여덟 번의 파리 인상주의 전시회에 항상 자신의 작품을 선보인 유일한 예술가이며 평생을 인상주의 그림 제작으로 일관했다. 대표작 〈몽마르

Boulevard Montmartre, effect de nuit, 1897 Boulevard Montmartre, winter morning, 1897

트 거리, 밤의 효과〉는 빛의 효과를 보여주기 위하여 동일한 대상을 시간과 계절을 달리하며 연작을 만들었다.

미술 | 인상주의는 자신이 인식한 대로 자연을 그리려고 시도한 미술사조이다. 피사로를 비롯하여 관영전람회인 살롱에서 낙선한 모네, 시슬레, 드가, 세잔, 르누아르 등은 기존의 전통적인 그림의 주제를 거부하고 일상생활 자체에 관심을 두고 빛과 함께 시시각각으로 변하는 색채나 색조의 순간적 효과를 이용하여 눈에 보이는 세계를 정확하고 객관적으로 기록했다. 인상주의라는 명칭의 어원은 살롱에서 낙선한 작품들을 모아 개최한 미술전시회에 대해 적대적인 감정을 가진 한 미술평론가가 항구와 우회로를 흐릿하게 묘사한 모네의 작품 〈인상, 해돋이〉를 단지 인상을 나타낸 것에 불과하다고 악평을 한 데서 유래했다.

사이펀

사이펀은 뒤집힌 U자 형태의 파이프인데 높은 곳의 수원지에서 낮은 수원지로 물을 이동시켜준다. 사이펀에서 밀폐된 파이프 안에 있는 물은 위로 올라감에 따라 위치에너지

Impression, Sunrise, 1874, by Claude Monet

는 증가하는 반면에 압력은 똑같은 양만 큼 감소하므로 높은 수위에 있는 물은 파이프를 통해서 가속되는 것만큼 총 위치에너지가 감소한다. 따라서 물은 사이펀의 파이프가 아래쪽으로 꺾이기 전까지는 위쪽으로 올라가기 시작한다. 사이

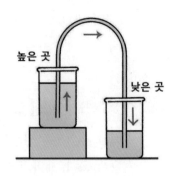

펀 U 튜브에서 파이프의 내려가는 부분에 있는 물의 무게는 실제로 파이프의 올라가는 부분 내에 있는 압력을 감소시킨다. 여분의 압력 강하의 결과로 높은 물탱크에 있는 물은 파이프를 향하여 가속하고 파이프를 통과하여 총 위치에너지를 감소시킬 수 있다. 이 여정 중에 물은 짧은 시간 동안 위쪽 방향으로 가더라도 파이프를 통하여 흐른다.

화장실 플러싱

롱기는 당시의 베니스 사람들의 가면무도회와 가정주부의 일상사를 포함한 여러 가지 여흥과 활동들을 묘사한 장르 화가이다. 〈화장실의 숙녀〉는 준비가 다 갖추어진 친숙한 인테리어에서 하녀의 시중을 받고 있는 안주인의 사생활을 묘사했다. 당시에 베니스의 화가들은 주로 고상한 인물화, 도시의 풍경, 과장한 우화 등을 주제로 하는 데 반해 롱기의 작품은 우아하면서도 억제된 가정의 장면을 표현하고 있어 혁신적인 것으로 간주되고 있다.

미술 | 롱기는 이탈리아의 풍속 화가로서 평생 자신의 고향인 베니스에 머물며 삶의 단면을 온화한 시선과 은근한 풍자, 깊이 있는 통찰을 통해 묘사했다. 그는 일상을 주제로 농민과 하층민의 생활을 작은 캔버스에 옮기면서 새로운 장르 화가로 인정받기 시작했다. 그 후 베니스 귀족 가문 사람들의 기품 있는 일상생활

Pietro Longhi, Lady at Her Toillete, Late 1740s

을 주제로 부드럽고 섬세한 색조와 밝고 화려한 색채를 사용하여 표현했다. 그는 일상을 다루면서 그 안의 인물들의 감정과 분위기를 포착하는 데 역점을 두었다.

미술 | 장르화

17세기까지는 역사화가 그림의 중심을 이루었으며 역사화가 아닌 모든 부류의 그림을 장르화라고 했다. 그 후 장르화에서 풍경화, 인물화, 정물화 등이 구분되어 이들을 제외한 나머지 부류의 그림들이 장르화로 존속되었으며 요즘은 일상생활과 풍속을 묘사한 그림을 장르화라고 부른다. 장르화는 당대의 역사, 문화, 생활 등 다양한 측면을 반영하고 있으므로 강한 호소력을 지니고 있다. 또

한 그림에 나타나 있는 인물들의 어리석고 바보 같은 행동, 웃음을 자아내는 우스꽝스러운 모습, 비정상적인 삶의 모습을 소재로 하여 풍자와 익살로 솔직하고 재미있게 표현하고 있다. 〈간지럼〉은 부유한 도시인의 순간적인 생활상을 묘사한 작품이다.

The Tickle, 1775

물리 | 수세식 화장실을 사용한 후에 물을 플러싱할 수 있는 것은 사이펀이 변기에 설치되어 있기 때문이다. 물을 플러싱하면 변기에 고였던 물은 사이펀으로 흘러내리고 새로 물이 고이게 된다.

흘러넘치지 않고 아래로 쏟아지는 피타고라스-컵

피타고라스-컵은 적정량의 술을 부으면 일반적인 술잔처럼 사용할 수 있으나 지나치게 많이 부으면 술이 위로 흘러넘치는 것이 아니라 아래로 샌다. 이 컵은 술을 절제하며 마시게 하려고 고안했다는 일화가 있다. 피타고라스-컵의 구조를 보면 내부에 U자를 뒤집어 놓은 형태의 파이프가 설치되어 있다. 파이프의 한끝은 컵 내부에 닿아 있고 다른 한끝은 컵의 바닥까지 길게 연결되어 있다. 컵에 액체를 부으면 액체

는 컵을 채우면서 파이
프 안으로도 들어가는
데, 컵에 든 액체가 U자
형 파이프의 꼭대기보다
아래에 있을 때까지는
일반적인 컵과 마찬가지
이다. 그러나 컵 속의 액
체가 파이프의 꼭대기보
다 위에 있으면 정수압
hydrostatic pressure 때문에
컵의 아래로 액체가 전

부 흘러나온다. 이 컵은 오늘날 사이펀으로 알려진 정수압 법칙을 이용
한 것이다.

사이펀 커피추출기

사이펀 커피추출기로 내린 커피는 맛이 깔끔하고 향이 풍부하여 선
호되고 있다. 이 장치는 두 개의 플라스크로 구성되어 있는데 튜브가 붙
어 있는 위 플라스크를 구 모양의 아래 플라스크에 연결하면 두 플라스
크 사이에 통로가 생기게 된다. 이때 아래 플라스크에 물을 넣은 후 가
열하면 물이 끓으면서 수증기가 발생하고 압력이 증가하는데 위 플라
스크는 대기압 상태이므로 압력 차에 의해 물이 아래에서 위로 이동하
여 위 플라스크에 넣어둔 분쇄된 원두커피가 추출된다. 이때 아래 플라

스크를 가열하던 열원을 제거하면 아래 플라스크의 압력이 낮아져 위 플라스크에 있던 커피 용액이 필터를 거쳐 아래로 이동하며 커피가 걸러진다.

2. 유체의 표면장력

표면장력은 액체의 표면을 분자들이 서로 당겨 표면적을 줄이는 힘을 말한다. 액체 중의 분자는 이웃하는 분자들에 의해 균등하게 끌어당기는 힘이 발생하므로 합력은 0이 된다. 그러나 표면에 있는 액체 분자들의 경우는 안쪽으로는 액체 분자들과 접하고 있지만 표면은 공기와 접하고 있다. 만일 액체 분자들끼리 잡아당기는 힘이 액체 분자와 공기가 잡아당기는 힘보다 세면 표면장력이 발생한다.

표면장력은 물체를 둥글게 만든다

라즐로 모홀리-나기는 현대산업사회와 도시공간을 반영하는 것을 목표로 하는 구성주의의 영향을 받아 기술과 산업을 예술로 통합하려고 실험과 뉴미디어에 전념했다. 그의 선구적인 작업 분야는 회화, 사진, 콜라주, 영화 등 다양하다. "핵 I, CH"는 그의 대표작 중 하나이다.

Laszlo Moholy-Nagy,Nuclear I, CH, 1945

물리 | 물방울과 이슬방울
이 둥글게 맺히는
것은 물 분자들이
서로 뭉쳐 표면적을
줄이려고 하는 표면
장력 때문이다.

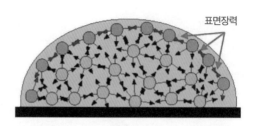

표면장력

물 위에 뜬 코르크 마개

물이 넘치지 않을 정도로 컵에 물을 가득 채우고
코르크 마개를 물에 띄우면 코르크 마개는 컵의 한
가운데에 놓인다. 이것은 표면장력 때문에 컵의 중
앙 부분이 볼록하게 되기 때문이다.

포도주의 눈물

유리잔에 알코올 음료인 포도주를 담으면 알코올 음료 위쪽에 물방
울이 형성된다. 이것은 물과 알코올 성분의 표면장력이 서로 다르기 때
문에 생기는 현상이다. 물의 표면장력은 알코올보다 훨씬 크므로 포도

주처럼 물과 알
코올이 섞여 있
으면 물 분자들
은 알코올 분자
들보다 더 세게

잡아당기므로 물 분자들이 알코올에서 떨어져 나온다.

연못에서 물 위를 걷는 소금쟁이

벤슨의 집 뒤에 있는 작은 연못에는 무성한 식물들과 수련, 햇빛으로 얼룩진 반사, 그늘로 구석진 곳이 어울려 풍부한 예술적 소재를 제공해 주었다. 야생동물의 열광자였던 벤슨은 흰 왜가리의 위엄 있는 모습을 이 작은 연못에 묘사했다.

미술 | 벤슨은 미국의 인상주의 화가로서 사실적 초상화와 야생동물 수채화로 잘 알려져 있다. 그는 미국 의회도서관을 위해 저명한 가족의 초상화와 벽화를 다수 그렸다. 최근에는 〈방 안의 인물〉이란 작품의 모조품이 크리스티 경매에서 판매되어 세간의 이목을 집중시킨 바 있다. 모조품의 존재는 화가의 손녀에 의하여 우연히 알려지게 되었으며 현재는 진품과 모조품이 뉴브리튼 미술박물관에 나란히 전시되어 있어 관람객들의 관심을 끌고 있다. 여기 실린 두 작품 중 오른쪽이 진품, 왼쪽이 모조품이다.

Figure in a Room, 1902 (오른쪽이 진품)

Frank Weston Benson, White Heron in a Pool in a Garden, 1929

물은 표면장력이 강하므로 소금쟁이의 몸을 수면 위로 받쳐주어 소금쟁이는 물에 빠지지 않고 물 위를 걷는다. 야외 풀장에 소금쟁이가 서

식하지 못하게 하려면 계면활성제를 사용하여 표면장력을 줄여주면 된다.

바실리스크 도마뱀은 물 위를 뛰어다닐 수 있다

물의 표면장력은 동물의 세계에서는 물 위에서 걷거나 뛰는데 널리 사용되고 있다. 바실리스크 도마뱀은 천적에게 쫓길 때는 갑자기 물 위로 뛰어서 도망가기도 한

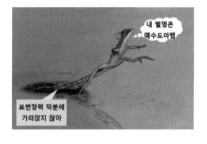

다. 물 위를 걸을 수 있기 때문에 예수도마뱀으로도 불리는데 표면장력을 이용해서 물 위를 10~20미터가량 달릴 수 있다.

3. 모세관 현상

모세관 현상은 대단히 좁은 공간 내에서 액체가 중력에 거슬러서 위로 올라가는 운동이다. 모세관 현상은 벽과 부착하는 힘이 액체 분자들 사이의 응집력보다 클 때 발생한다. 이것은 액체와 그 주

변을 둘러싼 고체 표면 사이에 존재하는 분자들의 인력 때문에 생긴다. 만일 모세관의 직경이 충분히 작으면 액체 내에서 응집력에 의해 발생하는 표면장력과 액체와 용기 사이의 부착력과의 합력이 액체가 모세관 내에서 올라가도록 한다. 따라서 표면장력과 부착력의 합력에 의해서 모세관 작용이 일어난다. 모세관 현상은 벽과의 부착력이 액체 분자들 사이의 응집력보다 클 때 일어난다. 모세관 작용이 일어나는 높이는 표면장력과 중력에 의해서 제한된다. 이러한 현상은 구멍이 많은 물질의 공간 내부에서 응집력, 부착력, 표면장력 등에 의해 좁은 틈새에 있는 물이 더 높이 올라간다.

아픔에 눈물 흘리는 여인

코로의 〈다친 유리디스〉는 신화 속의 아름다운 유리디스가 뱀에 물린 후 숲속에 앉아 물린 발을 자세히 살펴보며 느끼는 외로움과 고통을 묘사하고 있다.

Jean-Baptiste-Camille Corot,Wounded Eurydice, 1968/1970

미술 | 코로는 풍경화와 인물화에 매우 뛰어났다. 그의 화풍은 신고전주의를 참조하여 서정적이면서, 인상파의 혁신을 받아들였다. 그는 생애의 마지막 10년 동안 "아버지 코로"라는 애칭으로 불리며 존경을 받았다. 그의 작품은 시중에서 인기가 많았을 뿐 아니라 상대적으

The Willows of Marissel, 1857

로 모방하기 쉬운 그림 스타일이며 모조품에 대한 작가의 느슨한 태도로 인해 1870~1939년 사이에 수천 건의 위조품이 생산, 판매되었다. 〈The Willows of Marissel〉은 버드나무 길을 묘사한 풍경화이다.

물리 | **흘러나오는 눈물**

슬픈 일을 당하면 눈물이 나온다. 이는 눈의 안쪽에 있는 모세관을 통하여 눈에서 만들어진 눈물이 밖으로 흘러내리기 때문이다.

모세관을 따라 흘러내리는 눈물

붓은 왜 물에 젖을까

모세관 현상은 가는 관을 통하여 물을 끌어올린다. 붓을 물에 담그면 붓을 이루고 있는 털들 사이에 있는 작은 공간을 통하여 물이 빨려 올라가므로 붓이 물에 젖는다. 머리를 물에 담그고 있으면 머리가 물에 젖는 것도 머리카락 사이의 좁은 틈으로 물이 올라가기 때문이다. 초가 다 녹아 없어질 때까지 촛불이 켜져 있는 것은 심지를 통해서 계속해서 촛농이 올라가기 때문이다.

눈물의 여인

메이어는 일상생활에서 볼 수 있는 센티멘털한 감상적 장면과 세밀한 풍경화가 서로 조화된 자연스러운 모습을 충실하게 나타내는 화가이다. 〈사랑의 우울〉에서 젊은 여인의 검은 옷, 손에 들고 있는 축 처진 꽃, 심각한 표정, 결혼반지 등은 애도의 신호를 나타낸다. 배경에 있는 교회의 첨탑은 그녀의 믿음과 순수함을 상징하고 전경에 나타난 식물과 석조물은 그녀가 사랑하는 사람의 무덤가에 서 있음을 나타내고 있다. 또한 금빛 조명과 바람에 흩날리는 머리카락, 이들을 위로 올려다보는 관점은 슬픈 감정을 극대화하고 있다.

미술 | 메이어는 미국으로 이민 간 프랑스 화가로서 문학을 기반으로 한 장르화나 역사화, 초상화로 유명하며, 실물 크기의 장르

Recognition: North and South, 1865

제1장 | 유체

Constant Mayer, Love's Melancholy, 1866

화로 가장 잘 알려져 있다. 그의 대표작 〈Recognition; North and South〉는 미국 남북전쟁에서 죽어가는 병사를 통해서 전쟁의 아이러니를 묘사한 작품이다.

물리 | 그림 속 인물의 흘러나오는 눈물은 모세관 현상의 한 예이다.

스펀지는 액체를 잘 흡수한다

커피가 쏟아졌을 때 스펀지로 닦아낼 수 있는 것은 스펀지에는 모세관으로 작용하는 작은 구멍들이 있어 많은 양의 액체를 흡수할 수 있기 때문이다. 스펀지는 페이퍼 타월보다 작은 구멍들이 더 많다. 이 구멍들은 모세관으로 작용하여 액체를 많이 흡수하게 한다.

높은 곳까지 물을 빨아올리는 나무

고갱은 타히티에 도착하자마자 그 지역 고유의 초목들을 주의 깊게 관찰하고 이해했다. 이 그림에서 큰 나무라고 언급한 것은 왼쪽에 있는 호두나무를 의미한다. 작품 오른쪽에는 바나나 나무들 뒤에 열대 아몬드 나무가 서 있고 오른쪽 가장자리에는 빨간 꽃이 핀 히비스커스 관목이 있으며 빵나무 잎들은 그림 앞쪽에 점점이 떨어져 있다. 이 작품은 꿈꾸는 듯한 고조된 색깔을 사용하여 곡선을 이루는 구성을 함으로써 열대지방의 풍경을 초월하는 무성함을 나타내고 있다.

Paul Gauguin, Te raau rahi (The Big Tree), 1891

물리 | 나무의 물관은 아주 가느다란 모세관이므로 모세관 현상에 의해 뿌리에서 빨아들인 물을 높은 나무 꼭대기까지 끌어올린다.

미술 | 고갱은 프랑스의 후기 인상파 화가이며 죽을 때까지 그 평가를 받지 못했으나 사후에 인상파와 구별되는 색채 사용과 합성주의 스타일로 인정받고 있다. 그는 말년에 순수하고 원시적인 예술을 창조할 생각으로 타히티에서 10년을 보내면서 그 지역의 풍경과 타히티인의 삶을 묘사한 그림을 그

Nafea Faa Ipoipo, 1892

렸다. 그의 작품은 피카소나 마티스와 같은 프랑스 아방가르드 작가들에게 영감을 주었다. 그의 작품 중 〈당신은 언제 결혼할 건가요?〉는 2014년에 1억 2,000만 달러에 팔려 세계에서 세 번째로 비싼 그림으로 등재되었다.

페이퍼 타월은 물에 잘 젖는다

바닥에 물이 쏟아지면 페이퍼 타월로 닦아낸다. 페이퍼 타월에는 작은 구멍이 많은데, 이 구멍들이 모세관 역할을 한다. 페이퍼 타월이 물과 접촉하면 모세관 현상에 의해서 액체가 페이퍼 타월 속에서 위로 올라가므로 페이퍼 타월이 물에 젖게 된다.

4. 점성

유체의 층 사이에 작용하는 내부 마찰은 유체의 흐름을 방해한다. 점성은 유체의 흐름에 대해 저항하는 현상으로써 유체가 흐르게 하는 힘에 대한 내부 저항의 크기이다. 점성은 액체의 특성으로써 화장품, 요리, 윤활유 등에서 대단히 중요한 성질이다.

물과 꿀이 떨어지는 속도가
다른 것은 점성 때문이다. 점
성은 액체의 층 사이에서 작
용하는 내부 저항 때문에 흐
름을 방해하는 유체의 특성이
다. 물은 점성이 없어서 몸을
씻는 데 적합하다.

뉴턴 유체와 비-뉴턴 유체

유체 중에는 외부에서 작용하는 힘에 관계없이 항상 점도가 일정한
뉴턴 유체와 상황에 따라 점도가 변하는 비-뉴턴 유체가 있다. 물이 대
표적인 뉴턴 유체이다. 그러나 비-뉴턴 유체는 스트레스를 가하면 점도
가 변하며 심지어는 고체가 되기도 한다. 예를 들면, 세게 흔들어 주면
어떤 비-뉴턴 유체는 평소보다 점도가 더 커지거나 더 작아진다. 꿀, 케
첩, 우블렉 등은 대표적인 비-뉴턴 유체이다.

물은 끈적거리지 않아 씻기에 좋다

카사트는 여인들과 어린이들을 주제로 한 작품을 주로 그렸다. 〈어린
이의 목욕〉은 일상생활의 친밀한 풍경을 평평한 화면과 장식적인 요소
를 가진 패턴으로 표현했다. 그림에서 어린이를 둘러싼 여인의 팔과 온
화한 접촉은 강한 보호와 부드러움을 동시에 느끼게 해준다.

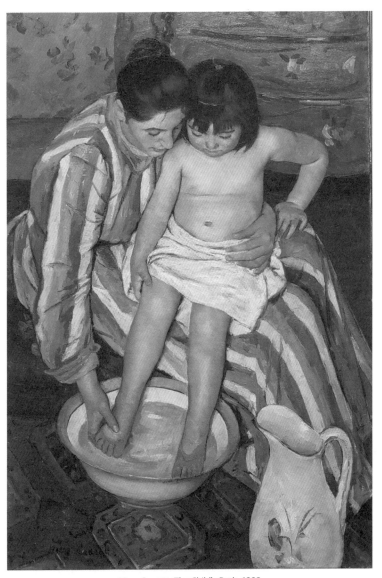

Mary Cassatt, The Child's Bath, 1893

미술 | 카사트는 종종 어머니와 자녀 사이의 친밀한 유대를 강조하면서 여성의 사생활을 주제로 작품을 만들었다. 그녀는 움직임, 빛, 디자인을 가장 현대적인 의미로 묘

The Boating Party, 1893

사하려고 했으며 마리 브라크몽 및 베르트 모리조와 함께 위대한 여성 인상파 3인 중 한 명으로 간주되고 있다. 그녀의 작품 중 〈보트 파티〉는 1996년도 미국 우표의 디자인에 사용되었다. 이 작품은 뱃사공의 강력하고 어두운 실루엣과 함께 엄마와 아이에 대한 친숙한 모습을 묘사하고 있다.

화장품과 약품의 점도

화장품에서 로션, 크림, 연고의 점도는 각각 다르다. 이 세 가지는 모두 물과 기름의 에멀션emulsion이다. 에멀션은 물과 기름처럼 서로 균일하게 섞이지 않는 물질들의 혼합물을 말한다. 기름이 많이 포함되면 점도가 커지므로 표면에 잘 붙어 있고, 물이 많이 있으면 점도가 작으므로 잘 흘러내린다. 일반적으로 연고의 점도가 가장 크고 이어서 크림과 로션의 순서로 점도가 작아진다. 연고는 피부에 빨리 흡수되지 않으며 기름기가 느껴지지만 높은 점도 때문에 피부에 잘 정착되므로 약품으로 많이 사용된다. 화장품 중 크림은 진하고 습기가 많은 느낌을 주므로 촙

고 건조한 겨울 날씨에 적합하다. 로션은 점도가 작기 때문에 가볍고 피부에 시원한 느낌을 준다. 그래서 더운 여름에 상쾌한 느낌을 주지만 피부에서 흘러내리기 쉬우며 잘 문질러 주어야 한다.

입술을 촉촉하게 만드는 립글로스

모렐스는 〈젊은 숙녀의 초상화〉에서 금, 보석, 진주 등의 귀금속으로 장식한 젊은 여인을 그렸다. 연결된 버클 장식은 여인의 부푼 소매의 윤곽을 강조하며 보석은 넓게 트인 목과 아울러 얼굴과 목을 감싸는 화려한 레이스에 의도적으로 주의를 집중시키고 있다. 이 여인의 드레스는 그녀가 고귀한 왕실의 일원임을 나타내고 있다. 립스틱을 바른듯한 여인의 촉촉한 입술이 의상 및 얼굴 분위기와 잘 어울린다.

미술 | 모렐스는 네덜란드 황금기의 바로크 미술 화가로서 네덜란드 공화국 전역에서 커미션을 받은 잘 알려진 초상화가였다. 그는 초상화 외에도 매너리즘 스타일의 역사화와 목동들의 목가적인 장면을 몇 점 남겼다. 〈데모크리터스〉는 그의 초상화이다.

Democritus, c.1603/1634

Paulus Moreelse,Portrait of a Young Lady, About 1620

미술 | 바로크 미술은 17세기 로마에서 시 작하여 18세기까지 프랑스와 중부 유럽에 등장한 미술사조이다. 팔 레트에는 강렬하고 따뜻한 색상을 사용하고 균일한 조명 대신 그림 의 특정 부분에 빛과 어둠의 강한 대비를 사용하여 중심 행동이나 인물에 주의를 집중했다. 얼굴에는

The Assumption of the Virgin, 1650

감정을 명확하게 표현했으며 작품에는 전하고자 하는 메시지가 들어 있다. 대표적인 화가로는 카라바조, 푸생, 루벤스, 렘브란트 등이 있다. 푸생의 〈The Assumption of the Virgin〉은 성서를 근거 로 한 종교화로써 바로크 미술의 전형이다.

미술 | 매너리즘은 1520년경 이탈리아에서 후기 르네상스의 스타일로 등장하여 16세기 말까지 퍼져나갔으며 17세기에 바로크 양식으 로 대체되었다. 르네상스 미술이 비율, 균형, 이상적인 아름다움 을 강조한 데 대해 매너리즘은 그러한 성질들을 과장되게 나타내 어 비대칭이거나 부자연스럽게 우아한 구성을 만든다. 매너리즘 미술의 특징은 인물의 키를 과장하여 크게 나타내고 원근법을 왜 곡하고 검은색 배경을 즐겨 사용한다. 대표적인 화가로는 틴토레 토, 엘 그레코 등이 있다.

건조한 겨울에는 입술이 트기 쉬우므로 립글로스를 사용한다. 립글로스는 점도가 너무 크면 끈적거려서 불쾌하고 점도가 너무 작으면 자주 발라야 하므로 불편하다. 그래서 립글로스는 적당한 점도를 갖는 것이 중요하다.

엔진 오일

엔진 오일은 금속 마찰로 인한 마모를 예방한다. 엔진 오일의 기본적인 성질은 점도로 온도의 변화에 따라 많은 영향을 받는다. 점도의 숫자가 낮을수록 끈적거리는 정도가 묽으며 숫자가 높아질수록 점도는 진하다. 예를 들어 엔진 오일이 SAE 5W30이라 할 때 W의 앞에 있는 5는 겨울철, 뒤의 30은 여름철에 사용할 수 있는 점도를 의미한다.

음식물의 점성

클라스는 〈파이, 사탕절임한 과일, 와인 잔〉에서 레이스가 달린 식탁보가 깔린 식탁에 놓인 올리브, 견과류, 미트 파이, 페이스트리가 포함된 식료품들과 함께 백랍 접시, 와인 항아리, 섬세한 유리잔 등의 식기를 정교하게 세팅하고 세밀하게 묘사했다.

Pieter Claesz, Still Life with a Pie, Sweetmeats, and Wine Glasses, 1623/1625

물리 | 음식물의 점도

끈적끈적한 과일즙이나 꿀은 점
성이 크고 와인이나 물은 점성
이 작다. 여러 가지 재료를 섞어
서 만드는 샐러드는 재료들이
서로 접착되게 점성이 적합한
드레싱을 사용한다.

마요네즈는
재료를 결합

미술 | 클라스는 네덜란드 황금시대
의 정물화 화가였다. 그는 차
분하고 거의 단색인 팔레트로
그렸으며 빛과 질감의 미묘한
처리가 주요 표현 수단이었
다. 그의 작품은 화려하고 장

Vanitas Still Life, 1625

59

식적이었으며 종종 우화적인 목적을 암시하여 두개골을 소재로
삼기도 했다. 그는 복잡한 구성과 강한 지역적 색채를 피하고 탁
자 근처에 놓인 간단한 식사를 묘사했다. 그의 작품은 단색 색상
의 미묘한 변화를 보여주며 후기에는 점점 더 장식적이고 호화로
운 작품을 만들었다. 〈바니타스 정물화〉의 두개골은 죽음을 우화
적으로 암시한다.

케첩을 세게 흔들면 쉽게 나온다

오랫동안 사용하지 않은 케
첩은 병에서 잘 안 나오는 경우
가 있다. 이럴 때 병을 세게 흔
들어 주면 쉽게 나온다. 이것은
케첩이 비-뉴턴 액체이므로 병
을 흔들어 스트레스를 크게 줌

으로써 케첩의 점도를 낮추어 주기 때문이다. 이것이 비-뉴턴 유체의
점도에 미치는 스트레스의 효과이다. 꿀도 세게 흔들어 주면 점성이 작
아진다.

물 위에서도 걸을 수 있다

옥수수 전분과 물의 혼합물인 우블렉Oobleck은 스트레스가 증가하면
점성이 더 커지는 비-뉴턴 유체이다. 그 위에서 걸어 다니면 체중에 의
해 압력이 가해져 유체가 순간적으로 고체가 된다. 우블렉은 옥수수 전

분 때문에 이러한 특성을 나
타낸다. 일반적으로 전분은
물에 녹지 않고 입자들이 뒤
섞여서 서로 달라붙어 아주
작은 입자들을 형성한다. 압
력이 가해지면 옥수수 전분

입자들은 서로 밀쳐내면서 입자들 사이에 있는 물을 밖으로 짜내므로
입자들은 단단히 뭉쳐져서 고체를 형성한다. 그래서 우블렉 위에서 걸
어 다니면 체중에 의해 큰 압력이 가해져서 이 혼합물은 순간적으로 고
체가 되므로 가라앉지 않는다. 그러나 옥수수 전분과 물의 혼합물 위에
가만히 서 있으면 에너지 공급이 중단되어 입자들은 더 이상 서로 압착
하지 못한다. 그러면 입자들 사이의 빈틈에 물이 채워져서 우블렉은 다
시 액체 상태로 되돌아가므로 가라앉게 된다.

5. 부력

물체가 유체 속에 잠겨 있
으면 그 물체는 뜨는 힘, 즉
부력을 받게 된다. 부력은 유
체 속에 들어 있는 물체의 부
피가 클수록, 그리고 유체의

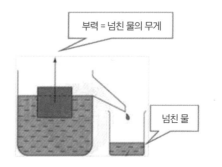

밀도가 클수록 커진다. 결론적으로 물체의 부력은 그 물체에 의해서 밀려난 유체의 무게와 같으며 위쪽 방향으로 힘을 받는다.

욕조에 들어가면 가벼워진다

드가는 인상주의 스타일로 〈아침 목욕〉을 그렸다. 침대는 욕조 바로 옆에 있으며 욕조 뒤의 녹색 벽은 모퉁이에서 만나 작품의 기준이 되는 각도를 드러내고 있다. 이 그림의 각도는 측면에서 멀어지기 때문에 모퉁이 근처에서 그녀의 침대가 강한 모습을 나타내고 있다. 타월을 들고 있는 작품 속의 인물은 욕조를 향하고 있다. 이 그림의 측면 프로필은 마치 여자가 욕조에 들어가는 것을 직접 보는듯한 착각을 일으킨다. 그림에서 여자의 왼쪽 팔은 욕조의 가장자리를 잡고 오른손은 벽을 받쳐 지지하면서 욕조에 들어가고 있다. 이는 아르키메데스가 욕조에서 이미 경험한 바와 같이 물속에서 몸이 가벼워지므로 무게 중심을 잡으려는 동작으로 이해된다.

The Dance Class, 1874

미술 | 드가는 인상주의 창시자 중 한 사람으로 데생에 뛰어난 화가였으며 주로 발레 무용수와 경주마, 목욕하는 여성들을 작품 소재로 삼았다. 그는 특히 움직이는 대상의 순간적인 아름다움을 포착하여 독자적인 방법으로 정

Edgar Degas, The Morning Bath, 1887/1890

확한 데생과 함께 풍부한 색감을 표현했다. 그의 작품 중 절반 이상이 댄서를 묘사하고 있어 그는 '무용의 화가'로 불린다. 드가는 초상화도 그렸는데 그의 초상화는 인간의 복잡한 심리와 외로움을 묘사한 것으로 유명하다. 〈The Dance Class〉는 파리 오페라에서 무용수들의 수업 장면을 묘사한 것이다.

물리 | 욕조에서 동시에 일어난 두 가지 현상

아르키메데스는 의심이 많은 왕으로부터 새로 제작한 왕관이 순금인지를 알아봐 달라고 부탁을 받는다. 이 문제에 골몰한 아르키메데스는 목욕을 하려고 욕조에 들어갔다

가 두 가지 현상이 동시에 일어나는 것을 깨닫고 부력을 발견하게 된다. 첫 번째 현상은 욕조에 들어가면 물이 넘친다는 것이고 두 번째 현상은 몸이 가벼워진다는 것이었다. 전혀 관계없을 듯한 이 두 가지 현상의 연관성으로부터 그는 부력의 원리, 즉 모든 물체는 물에 잠기는 부피가 클수록 무게가 가벼워진다는 아르키메데스의 원리를 발견하고 이를 토대로 왕관이 순금이 아님을 밝혀냈다.

익은 만두는 위로 떠오른다

만두를 끓이기 위해 냄비에
넣으면 만두는 물 아래로 가라
앉는다. 시간이 지나서 만두가
익으면 만두는 물 위로 떠오른
다. 이렇게 익은 만두가 떠오르
는 것은 만두를 끓이면 만두의
무게는 변하지 않지만 부피가 팽창하면서 밀도가 작아지기 때문이다.

배는 물에 뜬다

운하를 상징하고 있는 도시 베니스는 사전트에게 종종 영감을 주었
다. 〈베니스, 리알토〉에서 사전트는 도시의 이색적인 면을 포착했다. 화
폭의 절반가량을 채운 다리의 아래쪽은 곤돌라와 사람들, 그리고 수면
사이로 빛과 그림자가 교차하며 드라마틱한 장면을 연출한다. 베니스

John Singer
Sargent, The
Realto, Venice,
1911

를 상징하는 운하 활동은 여기서 우선권을 가지고 있으며 그림에 나타
난 일시적인 순간은 역동적이며 현대적인 느낌을 준다.

물리 | 배는 물에 잠겨야 뜬다

배가 물 위에 뜨는 것은 배의 일
부가 물에 잠기기 때문이다. 따
라서 배가 물에 많이 잠길수록
부력은 커진다.

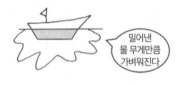

**미술 | **사전트는 미국의 초상화가로 상류사회의 인
물들을 주로 그렸으며 대표작으로는 검은
옷과 대비되는 새하얀 피부를 가진 상류사
회의 한 부인을 섬세하고 에로틱하게 그린
초상화 〈Portrate of Madame X〉가 있다. 또
한 초상화 이외의 작품에서는 베니스, 중동,
플로리다 등 전 세계 여행을 기록하고 있다.

Portrate of Madame X, 1884

물고기의 부레

물고기들은 물 위로 뜨거나 가
라앉을 때 부레를 이용한다. 부레
에 공기를 가득 채워 부레가 커지
면 위로 올라가고 공기를 내보내

서 부레가 작아지면 아래로 내려간다.

물에 잠기면 부력이 생긴다

고흐는 파리 교외에서 센강의 강둑을 따라 펼쳐지는 풍경을 〈봄 낚시, 퐁 드 클리시〉에서 묘사했다. 그는 자연광을 사용하여 색채 이론에 바탕을 둔 과학적 접근을 강조한 신 인상파 스타일로 그림을 그렸다. 그 결과, 팔레트는 밝아지고 붓질은 더 다양해지고 작품의 주제가 되는 대상물은 더 확장되었다.

물리: 배에 사람이 타면 배는 사람이 타지 않았을 때보다 물에 더 많이 잠기고 부력도 더 커진다.

Vincent van Gogh, Fishing in Spring, the Pont de Clichy (Asnieres), 1887

제1장 | 유체

Charles Courtney Curran, Lotus Lilies, 1888

물에 많이 잠길수록 부력이 커진다

커런은 미국의 인상주의 화가로서 다양한 세팅과 자연환경에서 아름
다운 젊은 여인을 묘사한 캔버스로 가장 잘 알려져 있다. 〈수련〉에서 두
여인이 활짝 핀 거대한 수련 꽃송이들과 파릇파릇한 잎으로 둘러싸인
조용한 물 위에서 노 젓는 보트를 타고 따뜻한 일광욕을 즐기고 있다.
커런은 이 작품을 그린 해에 결혼을 했는데, 작품의 왼쪽에 있는 여자가
그의 새 신부이며 그녀의 무릎에 놓인 노란 수련은 결혼식 부케이다. 커
런과 그의 부인은 그다음 해에 파리로 이사를 가면서 이 그림을 가지고
갈 정도로 작품에 애착을 가지고 있었다. 이 작품에서 여성다움과 자연
의 아름다움을 한 쌍으로 하여 전통적인 관계를 이어주고, 밝은 팔레트
와 높은 수평선, 그리고 일상의 여유로움을 주제로 하여 인상파의 현대
미학을 나타내고 있다. 그는 다른 많은 미국 인상파 화가들과 마찬가지
로 대담한 색상을 구사했으며 대상 모델에 비치는 빛의 효과에 대해서
도 연구를 했다.

물리 | 배에 사람이 많이 타면 배는 더 무거워져서 물에 더 많이 잠기고 부력도 더 커진다.

미술 | 커런은 미국의 인상주의 화가로서 다양한 세팅과 자연환경에서 아름다운 젊은 여인을 묘사한 캔버스로 가장 잘 알려져 있 다. 〈A Breezy Day〉는 화

A Breezy Day, 1887

창한 날씨를 맞아 넓은 잔디밭에 흰 빨래를 널어 말리는 젊은 여 인들을 낭만적으로 묘사하고 있다.

비행선

기체에도 부력이 있다. 비행선은 공기의 부력을 이용하여 공중에 뜬 다. 물보다 밀도가 대단히 작은 공 기의 부력을 이용하므로 비행선은 탑승객과 적재된 화물의 무게에 비 해 대단히 부피가 크다.

열기구를 타고 공중을 난다

몽골피에 형제는 뜨거운 화로에서 재가 위로 올라가는 것을 보고 아

이디어를 얻어 열기구를 발명했다. 그들은 열
기구의 아래쪽에 설치된 버너를 사용하여 열
기구를 뜨겁게 유지했다. 열기구 안에 채워진
더운 공기는 주위의 공기보다 밀도가 작아서
열기구는 충분한 부력을 받아 공중에 떠다닐
수 있었다.

배가 클수록 사람들이 많이 탈 수 있다

〈선착장〉은 부호가 사는
성의 응접실을 장식하기 위
해 마련한 네 개의 작품 중
하나이다. 이 작품의 경치는
보는 이들을 압도하는 거대
한 주랑이다. 주랑의 앞에는
사람들이 유람선을 타고 떠
나는 한편 다른 여러 사람은
물가에서 천천히 움직이고
있다. 로베르는 이 환상적인

Hubert Robert, The Landing Place 1787/1788

작품을 만들 때 유명한 기념비를 참고하여 이러한 요소들을 그가 만들
어낸 발명과 조합했다. 화가가 그린 네 개의 환상적인 작품들의 관점과
스케일은 응접실의 크기에 비례하여 만들어졌으며 응접실을 넓은 열린
공간으로 보이게 했다.

미술 | 로베르는 프랑스의 낭만주의 화
가로서 이탈리아와 프랑스의 폐
허가 된 유적을 그림 같은 풍경
화로 묘사했다. 그는 폐허가 된
현재의 모습이나 과거의 원래 상
태를 나타내기보다는 사실과 픽
션을 결부시켜 이미 사라진 것
과 아직도 존재하는 것의 특징을
결부시켰다. 그래서 그의 작품은

The Grande Galarie of the Louvre, 1784

유적에 생명을 불어넣은 듯한 느낌을 준다. 〈The Grande Galarie
of the Louvre〉는 루브르 박물관의 개조를 시작했을 때의 모습을
낭만주의 화풍으로 묘사한 작품이다.

미술 | 낭만주의는 18세기 말에
시작하여 19세기 중반에
정점을 찍은 미술사조로
서 이성보다는 감동이나
열정을 정열적인 색채로
표현하며 개개인의 감수

Horse Frightened by a Storm, 1824

성에서 새로운 창조를 추구한다. 루벤스, 들라크루아, 뵈클린 등
이 대표적인 낭만주의 화가이다. 들라크루아의 〈천둥에 놀란 말〉
은 대표적인 낭만주의 작품이다.

물리 | 배가 클수록 물을 많이 밀어낼 수 있으므로 무거운 짐을 실을 수 있다.

바닷물에서는 뜨기 쉽다

뵈클린의 〈바다에서〉는 신화적인 주체를 색다른 세속적인 감각으로 해석한다. 그림에는 인어와 함께 바다의 신 트리톤이 험악한 모습으로 장난치고 있다. 트리톤은 반신반어의 형태를 하고 있으며 화면의 중앙에서 하프를 치고 있다.

미술 | 뵈클린은 스위스의 상징주의 화가이다. 낭만주의의 영향을 받아 신화와 전설에서 파생된 이미지를 상징주의적으로 그린 그의 그림 중 다수는 고전 세계에 대한 상상적 해석이거나 신화적 주제를

Arnold Bocklin,
In the Sea, 1883

묘사했으며 종종 죽음을 우화적으로 탐구하고 있다. 가장 잘 알려진 작품은 〈Isle of the Dead〉이며 다섯 가지의 버전이 있다. 라

Isle of the Dead, 1880

흐마니노프는 이 그림에서 영감을 받아 교향곡 〈The Isle of the Dead, Op29〉를 작곡했다.

물리 | 바다에서는 쉽게 뜬다

풀장에서 떠 있으려면 몸을 거의 물속에 담그고 수영을 해야 한다. 그렇지 않으면 물에 가라앉는다. 그러나 바다에서는 좀 더 뜨기 쉽고

사해 바다에서는 전혀 수영을 하지 않아도 물에 뜬다. 이것은 사해의 밀도가 풀장보다 훨씬 커서 우리 몸의 일부만 물에 잠겨 있어도 충분한 부력을 받기 때문이다. 부력은 유체 속에 잠긴 물체의 부피뿐만 아니라 유체의 밀도에 따라서도 결정된다. 소금물은 순수한 물보다 밀도가 크므로 부력이 더 크다. 사해는 지구상에서 가장 염분이 많으므로 사해에서 수영을 하면 가장 큰 부력을 경험하

게 된다. 바닷물은 물보다 밀도가 크기 때문에 호수에서보다 쉽게 뜰 수 있다.

짠 물에서는 계란이 뜬다

물에서는 계란이 가라 앉지만 진한 소금물에서는 계란이 뜬다. 소금의 농도가 약한 소금물에서는

생수   진한 소금물   연한 소금물

계란은 중간에 떠 있다. 이것은 소금물이 진할수록 더 무거워 부력이 더 커지기 때문이다.

세계 최초의 갈릴레오 온도계

최초의 온도계는 부력을 이용한 것으로써 갈릴레오가 발명했다. 그는 액체 내에 떠 있는 물체의 부력은 액체의 밀도에 의존하고 액체의 밀도는 온도에 따라 변한다는 사실을 이용하여 온도를 측정했다.

갈릴레오 온도계는 액체로 채워진 밀봉된 유리 실린더와 작은 유리 공으로 구성되어 있다. 각각의 유리 공은 밀도가 다르며 특정 온도를 나타내는 표가 붙

어 있다. 온도가 변하면
각각의 유리 공은 밀도
가 서로 다르므로 떠오
르거나 가라앉는다. 이
때 가장 아래쪽에 떠 있
는 유리 공에 붙어 있는

온도가 표시된 부표

표에 적힌 온도가 해당 온도를 나타낸다. 갈릴레오 온도계는 온도를 연
속적으로 측정하지 못하고 불연속적으로 측정하므로 요즘은 온도 측정
보다는 실내 장식의 목적으로 주로 사용되고 있다.

6. 운동하는 유체의 성질

정지한 유체는 압력, 부력, 점성 등의 성질을 나타내는데 움직이는 유
체는 베르누이 법칙에 기초한 마그누스 효과, 코엔다 효과 등 정지해 있
을 때 없던 특이한 성질이 나타난다. 이러한 특성으로 인해 비행기가 하
늘을 날 수 있고 축구의 바나나킥이나 야구의 커브 볼도 가능하다.

베르누이 정리

유체의 속도가 증가하면 압력이 감소하고 속도가 감소하면 압력이
증가하는데 이것을 베르누이의 법칙이라고 한다. 간략하게 말해서 이
상유체에 대한 에너지 보존 법칙이다. 베르누이의 법칙은 비행기의 날

개에 양력이 발생할 수 있다는 것을 설명한다. 날개 윗면의 면적이 더 크면 날개의 위를 흐르는 공기는 아랫면에 흐르는 공기보다 더 빠르게 흐르므로 날개 윗면의 압

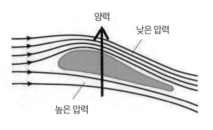

력이 아랫면 보다 더 작아서 양력이 발생한다.

바람과 돛단배

〈생선을 흥정하는 소상인과 어선〉에서 터너는 바다를 역동적인 광경으로 그리고 있다. 그는 험악한 날씨의 하늘 아래 휘젓는듯한 큰 바다에 떠 있는 작은 배에서 사람들로 붐비는 어선을 향하여 생선을 사려고 흥정하는 모습을 그리고 있다. 터너는 반투명의 물감과 불투명한 물감을

Joseph Mallord Turner, Fishing Boats with Hucksters Bargaing for Fish, 1837/1838

사용하여 빛과 공기를 표현했으며 어부들의 모습을 하찮게 나타냄으로 써 자연의 신비스럽고 강한 힘을 넌지시 비추고 있다.

물리 | **맞바람을 향해서도 항해할 수 있다**

범선의 경우는 돛이 바람과 일정한 각도를 유지하면 맞바람을 향해서도 나아갈 수 있다. 어떻게 이런 일이 가능할까? 범선의 돛

은 비행기 날개의 단면과 유사한 형태로써 비행기 날개를 세워 놓은 모습이다. 이는 마치 비행기가 양력을 받아 공중에 뜨듯이 돛의 앞면 쪽 압력이 뒷면 쪽보다 낮아 그 압력차에 의해 배를 바람 부는 방향과 수직 방향으로 미는 힘이 생긴다. 그래서 범선의 경우는 바람의 방향 및 바람과 수직 방향의 힘이 합쳐져서 배가 바람을 향해서 진행할 수 있다.

미술 | 터너는 영국의 낭만주의 화가로서 표현력이 풍부한 채색으로 상상력을 동원하여 풍경화를 그렸다. 특히 그의 해양 그림은 격렬함을 넘어 폭력적이라고 할 수 있는 풍경을 표현한 것으로 유명하다. 그는 30,000점 이상의 작품을 남겼으며 풍경화를 역사화에 필적하는 저명한 수준으로 끌어올린 인물로 평가되고 있다. 〈The

Slave Ship〉은 소용돌이
치는 바다에서 노예선
을 배경으로 바다에 버
려지는 처참한 노예들
을 묘사한 것으로 노예
폐지 운동으로 이어진
작품이다.

The Slave Ship, 1840

　〈바다의 어부들〉은
화가 스스로 폭풍의 위
력을 체험하기 위해 어
선의 돛대에 몸을 묶
은 채 몇 시간 동안 폭
풍우를 경험한 후 그린
그림이다.

Fishermen at Sea, 1796

맞바람을 받으며 항해하기

　범선이 항해하는 방향은 바람의 힘과 물의 저항력에 의해 정해진다.
바람이 불면 돛을 미는 항력과 돛의 앞뒷면의 압력차에 의한 양력이 생
긴다. 항력은 돛을 바람의 방향으로 밀고 양력은 바람과 수직 방향으로
배를 당긴다. 따라서 항력과 양력의 합력이 바람이 배에 미치는 전체 힘
이다. 배를 바람의 방향으로 항해하기 위해서는 배가 옆으로 밀리지 않
아야 된다. 배의 용골(keel)은 배가 측면으로 밀리는 것을 막아 주므로

배는 용골의 방향, 즉 배의 중심선을 따라 움직일 수 있다. 물은 용골과 거의 수직 방향으로 용골에 힘을 작용한다. 이 두 힘의 합력은 추진력이며 거의 앞쪽

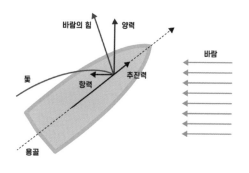

방향이다. 따라서 바람의 합력이 용골에 대하여 대각선으로 앞으로 향할 때 배는 대각선 방향으로 바람을 향하여 운행한다.

옆으로 바람이 불어도 우산이 뒤집힌다

바람이 세게 불 때 우산을 쓰면 우산이 뒤집힌다. 바람이 옆으로 부는 데도 불구하고 우산이 위로 뒤집히는 것은 움직이는 공기에 의하여 우산 위의 압력이 작아지기 때문이다. 이러한 사실은 약 300년 전에 베르누이에 의해서 발견되었다.

순풍에 돛 달고

토마스 버치는 미국의 초상화 및 해양화가이다. 〈엔터프라이스에 의한 트리폴리의 포획〉에서 지중해의 어둡고 소용돌이치는 바다에서 벌어진 두 배들 사이의 전투를 묘사했다. 구름 사이로 열린 하늘에서는 빛

Thomas Birch,
Capture of the
Tripoli by the
Enterprise,
1806/1812

이 비쳐서 이 배들의 세부적인 부분까지 잘 나타나 있는 신선한 분위기
와 선명하게 칠해진 파도가 두드러진 특징이다.

물리 | 바람에 돛 단 듯이 배가 물 위를 나아간다는 말처럼 바람이 불면
돛단배는 바람이 밀어주는 방향으로 진행한다. 그러나 범선의 경
우는 맞바람을 향해
서도 항해할 수 있다.

미술 | 토마스 버치는 최초
의 미국 선박 초상화
가이며 그의 선박 그
림은 미국과 유럽의
수많은 예술가와 장

Naval Battle between USS United States and HMS
Macedonian, 1812

인에 의해서 복사되었다. 그의 작품 중 〈미국과 마케도니아 간의 해전〉은 1812년 미국의 호위함과 영국의 호위함 사이의 해상 교전을 묘사한 것이다. 이 그림은 케네디 대통령의 집무실에 걸려 있다가 2008년 소더비 경매에서 토마스 버치의 작품 중 최고가인 481,000달러에 판매되었다.

마멋 굴의 공기 순환

마멋이 사는 땅굴에는 입구와 출구, 두 개의 구멍이 서로 다른 높이에 있다. 높은 곳에 있는 구멍은 풍속이 빨라서 압력이 작고 낮은 곳에 있는 구멍은 풍속

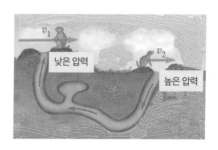

이 느려 압력이 크다. 그래서 공기는 낮은 곳에서 높은 곳으로 불며 굴 속의 공기가 순환된다.

베르누이-백Bernoulli's Bag

긴 풍선처럼 생긴 베르누이 - 백에 바람을 불어 넣으면 백이 부풀어 오른다. 그런데 백을 입에 가까이 대고 불면 잘 부풀지 않는데

입에서 한 뼘쯤 되는
거리에 놓고 불면 단
한 번만 불어도 팽팽하
게 된다. 상식적으로는
입을 가까이 대어야 더

잘 불어질 것 같은데 베르누이-백은 멀리서 불어야 공기가 더 잘 들어
간다. 왜 멀리서 불어야 더 잘 불어질까?

　입을 백의 입구와 거리를 두고 바람을 불면 백 입구 중앙부의 공기 속
도가 가장자리의 공기 속도보다 커서 압력이 높은 가장자리의 공기는
압력이 낮은 중앙부로 밀려들기 때문에 압력이 높은 주변의 공기가 백
안으로 빨려 들어가게 된다. 따라서 백과 거리를 두고 바람을 불면 부는
바람뿐 아니라 주변의 공기까지 백에 들어가게 되므로 단 한 번만 불어
도 공기가 백을 가득 채우게 되는 것이다.

코안다 효과

　유체의 흐름은 원래의 방향을 따라 직선으로 움직이는 대신에 접하
고 있는 곡면의 형상을 따라 표면에 달라붙어 있으려고 하는 경향이 있
는데, 이를 코안다 효과라고 한다. 그 이유는 유체가 곡면에 의해서 강
하게 잡아당겨지기 때문이다. 코안다 효과로 인해서 움직이는 공기는
방향을 바꾸어야 할 때도 물체의 형태를 따른다. 코안다 효과는 비행기
나 자동차의 앞 유리 설계뿐 아니라 공기가 좀 더 효율적으로 순환되게
에어컨을 설계하거나 위치 선정 및 배치에도 다양하게 응용되고 있다.

Alberto Pasini, Circassian Cavalry awaiting Their Commanding Officer at the Door of a Byzantine Monument; Memory of Orient, 1880

연기에 검게 그을린 건물

파시니는 터키와 중동을 몇 차례 여행하면서 영감을 받아 동양의 건축적 요소와 신비함에 매료되어 작품을 구성했다. 〈비잔틴 기념물 문에서 지휘관을 기다리고 있는 키르케스 기병대; 동양의 기억〉에서 그림의 오른쪽 모서리에 후광이 있는 인물 모자이크는 기념물이 교회임을 나타낸다. 앞마당의 그늘에서 기병대와 말은 그들의 지휘관을 기다리면서 쉬고 있다. 건물 정면은 두 개의 아치를 포함하여 여러 개의 창틀이 불길에 타버리고 위로 퍼져 올라가는 그을음으로 검게 변했다. 시커먼 그을음으로 뒤덮인 정면과는 대조적으로 건물 바닥은 깨끗한 상태로 남아 있어 비둘기들이 여유롭게 거닐고 있다.

미술 | 파시니는 낭만주의 양식으로 오리엔탈리즘 주제를 충실하게 묘사한 이탈리아 화가이다. 그는 사치스러운 장식을 통하

Market in Istanbul, 1868

여 건축물을 호화롭고 우아하게 표현하고 미묘한 동양적인 분위기를 그림에 표현했다. 〈Market in Istanbul〉은 해안가에서 연출되는 이국적인 시장 풍경을 묘사했다.

건물에 화재가 나면 연기는 건물을 감싸며 위로 올라간다. 이것은 더운 공기가 가벼워서 위로 올라갈 뿐 아니라 유체는 면을 따라서 움직이는 특성을 가지고 있기 때문이다. 코안다 효과는 뜨거운 기체가 밀폐된 방에서 퍼져 나가는 데 영향을 준다. 대류 효과와 결합하여 밀폐된 방의 압력으로 인하여 연기와 뜨거운 기체가 창이나 문을 통하여 방으로부터 나간 후 건물의 벽을 따라 위로 움직인다. 즉 연기는 코안다 효과에 의해서 건물의 벽을 따라 올라간다.

물은 물병의 벽을 따라 흘러내린다

물병에 든 물을 서서히 따르면 물이 바로 아래로 떨어지지 않고 물병의 벽을 따라서 흘러내린다. 즉, 흐르는 유체는 곡면 가까이에 머무는 경향이 있어서 부드러운 표면

물병을 따라 흘러내리는 물

을 지나칠 때는 직선 경로를 따르는 대신에 표면의 형상을 따라 흐른다.

촛불 끄기

공기도 곡면을 따라 움직이는 경향
이 있다. 페트병 뒤에 촛불이 있을 때
병 앞에서 바람을 불면 촛불이 꺼진
다. 이를 통해 실린더에 바람이 불면
바람은 실린더를 둘러서 뒤쪽으로 감
싸면서 나가는 것을 알 수 있다.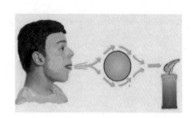

공중에 떠 있는 탁구공

헤어드라이어로 공기를 위로 불어 주
면서 공기의 흐름에 탁구공을 놓아두면
탁구공은 떨어지지 않고 공중에 떠 있다.
이는 헤어드라이어에서 나오는 바람의
속력이 빨라 송풍구 위는 공기의 압력이
낮아져 기압이 높은 바깥쪽에서 탁구공
을 공기 흐름의 중앙으로 돌려놓으므로 공이 옆으로 튕겨져 나가지 않
는다.

마그누스 효과

유체 속에서 회전하며 운동하는 물체와 유체 사이에 상대 속도가 존

재할 때 그 물체의 속도에 수직인 방향으로 물체에 힘이 발생하는 현상을 마그누스 효과 Magnus effect라고 한다. 유

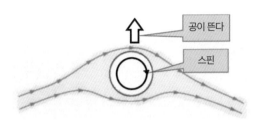

체 속에서 공이 진행하면 공 주변의 공기가 공의 속력과 같은 속력으로 공을 지나치게 된다. 이때 공이 회전하면 회전하는 방향과 나란한 방향은 유속이 증가되고, 반대 방향은 유속이 감소된다. 베르누이의 법칙에 의하면 유체에서 물체의 속도가 증가하면 그 물체가 유체로부터 받는 압력은 감소하고, 반대로 물체의 속도가 감소하면 그 압력은 증가한다. 따라서 상대적으로 빠른 속도를 갖게 된 공의 아래쪽의 압력은 감소하고, 상대적으로 느린 속도를 갖게 된 공의 위쪽의 압력은 증가한다. 공의 위, 아래에 발생한 이 압력 차이가 양력을 발생시켜 공을 압력이 높은 곳에서 낮은 곳으로 이동시키고 이런 힘을 마그누스 힘이라고 한다. 이 힘에 의해 공이 회전 방향(이 경우에서는 아래쪽)으로 휘게 된다. 마그누스 효과는 물체의 회전 방향에 따라 어느 방향으로도 작용할 수 있다.

축구공의 바나나킥

축구 경기를 할 때 선수가 스핀을 주는 데 따라 공이 휘어지면서 골대 안으로 들어가는 경우를 종종 볼 수 있다. 백-스핀을 주면 공이 뜨고, 톱-스핀은 공이 가라앉고 사이드-스핀은 공이 옆으로 휘어지게 한다.

마그누스 효과는 공을 의도적으로 휘어지게 할 수 있다. 축구에서 이

87

효과를 이용한 것이 스
핀 킥이다. 스핀 킥은 공
을 찰 때 공에 회전을 주
어 마그누스 효과가 발
생하여 수비수 근처에서
공의 궤적이 휘게 된다.

테니스나 배구에서는 공에 톱 스핀을 가하여 마그누스 효과를 준다. 이
때문에 공이 날아가다가 급격히 떨어지게 된다. 야구에서는 이를 이용
하여 업슛을 던진다. 그러나 마그누스 효과가 악영향을 미칠 때도 있다.
골프에서 초보자들이 흔히 겪는 실수로 공에 회전을 주어 마그누스 효
과가 발생해 공이 목표 지점보다 크게 벗어나는 경우가 있다.

제 2 장

역학

Gifford Beal, At the Hippodrome, 1915

기퍼드 빌은 많은 사람들이 여가를 보내는 서커스 같은 즐거운 장소에 초점을 두고 인생의 원기왕성한 면을 묘사했다. 〈히포드롬 경마장에서〉는 저녁 공연을 위해서 예행연습을 하는 연기자들과 무대 설치에 열중하고 있는 작업자들의 일하는 장면을 그리고 있다. 유니폼의 선명한 색깔, 말들과 트롬본 연주자들의 과장된 자세, 화려한 무대 조명 등은 서커스의 인기 있는 구경거리를 전달해 준다. 그리고 위에 매달려 있는 공중그네의 막대는 관중들과 곡예사가 극장을 메웠을 때 다가올 흥분을 암시한다.

미술 | 기퍼드 빌은 미국의 인상주의 화가로서 다양한 주제의 그림을 그렸다. 그는 휴일과 미인대회 같은 특별한 날뿐 아니라 일상적인 삶에

On the Hudson at Newburgh, 1918

서도 영감을 얻어 휴일의 군중, 서커스 공연, 사냥 장면 등을 낭만적으로 묘사했다. 그의 작품은 주제에 대한 접근방식에서 다양한 스타일로 프랑스 인상주의보다 색깔과 제스처를 증가시켜 대담하고 밝은 분위기로 표현하고 있다. 〈뉴버르의 허드슨 강변〉은 제1차 세계대전 당시 뉴욕의 외곽지역인 뉴버르에서의 생활상을 묘사하고 있다.

물리 | 〈히포드롬 경기장에서〉는 역학의 기본 개념인 힘, 운동, 속도, 에너지, 진자 등이 포함되어 있는 작품이다.

1. 무게 중심

물체에는 모든 무게가 한 점에 모여 있다고 생각할 수 있는 무게 중심이 있다. 그래서 무게 중심을 받쳐 주면 물체는 균형을 잡는다.

손가락 끝에도 앉을 수 있는 장난감

밸런싱 이글이라는 장난감은 무게 중심이 새의 부리에 있도록 만들어져 있어서 부리만 걸쳐지면 어디에서든 떨어지지 않고 안정되게 놓여 있다.

배가 뒤집힐 정도의 풍어

〈청어 그물〉을 그린 호머는 바다에서 오랜 기간 감명을 받아서 뉴잉글랜드의 어부 마을을 여러 해 동안 방문하며 여름을 보냈다. 이때의 경험이 그의 일과 생활을 변화시켰다. 그래서 그의 후기 작품들은 거의 노인들이 자연과 투쟁하는 삶에 초점을 맞추었다. 화가는 〈청어 그물〉에서 어부들의 일상적인 일에서 영웅적인 효과를 묘사했다. 작은 어선 안두 명의 인물은 수평선에 있는 안개를 배경으로 실물보다 크게 나타나 있다. 그리고 그들의 뒤쪽 멀리 큰 선박이 희미하게 보인다. 어부 중 한명이 반짝이는 청어가 잡힌 그물을 잡아당기는 동안 소년처럼 보이는

다른 한 명의 어부는
잡은 고기들을 내려놓
는다. 그들은 몰려오는
파도 위에서 생존하기
위하여 팀 워크를 통해
위태롭게 떠 있는 작은
보트를 안정시키려 분
투하고 있다.

Winslow Homer, The Herring Net, 1885

물리 | 보트를 안정시키려면 무게
중심이 배의 밑바닥을 벗
어나지 않아야 된다. 그림
에서 배의 한쪽에서 청어
를 끌어올리고 있어 무게
중심이 배 밖의 청어 쪽으
로 쏠리고 있으므로 소년

은 청어의 반대쪽 배 밖으로 몸을 기울임으로써 무게 중심이 배의
밑바닥에 놓이게 하고 있다.

미술 | 호머는 해양을 주제로 풍경화를 그린 19세기의 대표적인 미국 화
가이다. 그는 바다 그 자체의 아름다움과 자연의 압도적인 힘에
집중하여 역동적인 구성과 풍부한 질감으로 바다 풍경의 모양과

느낌을 포착했다. 또한 그의 작품에서 남자들이 자신의 연약한 힘으로 거센 바다와 투쟁하며 사는 힘든 생활을 묘사했다. 표면적으로는 매우 단순하지만 그의 주제는 무관심한 우주 내에서의 심각한 인간 투쟁을 심도 있게 다루었다. 그의 작품 중 〈Breezing Up〉과 〈Boys in a Pasture〉는 각각 1962년과 2020년에 기념 우표로 발행되었다.

안정성

물체를 기울였을 때 무게 중심이 물체의 밑면에 포함되면 중력이 복원력으로 작용하기 때문에 물체는 원래의 위치로 되돌아간다. 그러나 무게 중심이 물체의 밑면을 벗어나면 접촉점 바깥쪽으로 힘이 주어지므로 전복된다. 그러므로 무게 중심이 높은 물체는 전복되기 쉽고 무게 중심이 낮을수록 물체는 안정된다.

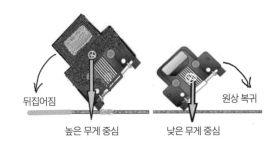

결합된 두 물체의 무게 중심

포크와 스푼을 연결한 후 이쑤시개를 꽂아 컵 가장자리에 얹으면 가만히 놓여 있다. 이는 포크와 스푼이 결합되어 한 물체를 이룰 경우, 무게 중심이 컵의 내부에 놓이기 때문이다.

와인 병과 결합되어야 안정되는 와인 홀더

평평한 나무판에 병을 꽂을 수 있는 구멍이 파진 와인 홀더는 혼자서는 서 있을 수 없지만 와인병을 꽂으면 평평한 바닥에 서 있을 수 있다. 이는 와인 홀더의 무게 중심은 홀더 밑판의 밖에 놓이지만 와인병을 꽂은 후 와인 홀더의 무게 중심은 와인병이 결합된 홀더의 바닥면 면적 안에 포함되기 때문이다.

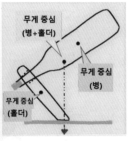

다양한 무용 포즈

드가는 무희들의 춤 동작에 관심을 가지고 그들의 자세를 조각했다. 〈춤출 준비가 된 무희〉는 근육을 강화하기 위하여 거듭해서 다리를 펴

Edgar Degas,
Dancer ready to Dance,
Right Foot Forward,
Modeled 1982/1995, cast
1919/1921

Arabesque, Modeled
1985/1990, cast 1919/1921

Spanish Dance, Modeled
1983, cast 1919/1921

고 움츠리는 동작을 연습하고 있는 모습을 나타내고 있다. 〈오른발을
앞으로〉는 무희가 오른쪽 발을 내민 상태에서 엉덩이는 뒤로 뺀 자세이
고 〈아라베스크〉는 무희가 한 다리를 뒤로 뻗은 채 우아하게 몸을 앞으
로 기울인 자세이다. 그리고 〈스페인 댄스〉는 스페인 민속춤과 연관된
것으로써 19세기 후반에 파리에서 인기 있었던 자세이다. 무희들의 동
작에서 무게 중심은 항상 무희의 발바닥 안에 놓여 있어야 한다. 만일
무게 중심이 발바닥 밖에 놓이면 무희는 서 있지 못하고 쓰러진다.

우리 몸의 무게 중심은 배꼽 부근이다. 그러나 상체를 앞으로 수그리면 배꼽보다 아래쪽으로 내려가는 동시에 몸 앞쪽으로 이동한다. 이 경우 엉덩이를 뒤로 빼는 자세를 취함으로써 무게 중심의 연장선이 자연스럽게 발바닥 안에 놓이게 된다. 따라서 벽에 다리를 곧게 붙인 채 상체를 앞으로 구부리면 무게 중심은 벽에서 멀리 벗어나 발바닥을 벗어나게 되므로 몸이 앞으로 넘어지게 된다.

열기구의 무게 중심

열기구의 무게 중심(G)은 아래로 향하고 부력 중심(C)은 위로 향한다. 그런데 열기구의 무게는 승객과 기구가 있는 아래쪽에 몰려 있으므로 무게 중심은 부력 중심보다 아래에 놓이게 되어 열기구는 비행 중에도 항상 안정하다.

물건을 안으면 몸은 뒤로 젖혀진다

'페르난도 서커스'는 1875년에 몽마르트르에 개설된 상설 서커스단이며 인상파 화가들을 포함하여 열광적인 지지자들을 끌어당겼다. 르누아르의 〈페르난도 서커스에서의 곡예사(프란시스카와 안젤리나 워텐베르크)〉는 독일에서 온 순회 공연단인 프란시스카와 안젤리나가 서커스 공

Pierre-Auguste Renoir, Acrobats at the Cirque Fernando (Francisca and Angelina Wartenberg), 1879

제2장 | 역학

연 후에 청중들이 찬사의 뜻으로 던져준 종이로 싼 오렌지를 주워 올리며 감사 인사를 하는 장면을 묘사한 것이다.

물리 | 오렌지를 받아 든 소녀는 맨손인 소녀보다 몸이 뒤로 젖혀져 있다. 이것은 오렌지의 무게로 인해 무게 중심이 뒤로 이동했기 때문이다.

야구공과 배트의 궤적

야구공을 던지면 포물선을 그리며 날아간다. 한편, 배트를 던지면 회전하면서 복잡한 도형을 그리면서 날아가지만 배트의 무게 중심은 여전히 야구공과 동일한 포물선을 그리며 움직인다. 심지어는 비행 중 폭발한 로켓도 사방으로 흩어진 파편들의 전체 무게 중심은 원래의 로켓과 동일한 궤적을 그린다. 그래서 이러한 이론은 실종된 비행체의 파편을 찾는 데 이용될 수 있다.

공의 무게 중심은 포물선

배트의 무게 중심은 포물선

꽃 지게를 어깨에 멘 여인

히치콕은 미국에서 태어나 런던, 파리, 헤이그 등지에서 미술 공부를 마친 후 네덜란드에서 생활하며 작품 활동을 했다. 그는 이 지역의 풍경과 농부들의 공동체에 매료되어 관능적이라고 할 만큼 아름답게 활

George Hitchcock, Flower Girl in Holland, 1887

짝 핀 꽃과 함께 전통의상을 입은 여인들의 모습을 전문적으로 그렸다. 〈네덜란드의 꽃 처녀〉라는 작품에서 히치콕은 전원적인 풍경을 배경으로 소녀가 양 어깨에 짊어진 꽃다발을 밝고 빛나는 색깔을 사용하여 열린 붓놀림으로 그림으로써 대담한 컬러리스트라는 평판을 들었다.

물리 | 꽃 지게의 무게 중심은 여인의 어깨에 놓여 있으므로 여인은 안정되게 꽃을 운반할 수 있다.

백지장도 맞들면 낫다

밀레는 〈들판에서 태어난 송아지를 집으로 가져오는 농민들〉에서 두 명의 남성 농부가 나무 지지대에 얹힌 송아지를 집으로 나르고 어미 소와 여인은 그 옆을 따라 걸어오는 모습을 묘사했다. 한편 집 앞에는 자매인 듯한 어린 소녀들이 그들이 오는 것을 집 앞에서 기다리며 바라보

고 있다. 이 작품에서 찢어진 낡은 옷을 입고 허름한 생활 여건 속에서 열심히 일하는 튼튼한 농부들은 사실주의 미학과 시골을 연결하는 밀레의 헌신을 반영한다.

Jean-Francois Millet, Peasants Bringing Home a Calf Born in the Fields, 1864

물리 | 송아지의 무게 중심은 들것 위에 놓여 있다. '백지장도 맞들면 낫다'라는 속담과 같이 두 명의 농부는 송아지의 앞, 뒤에서 위쪽 방향으로 함께 힘을 작용함으로써 작은 힘으로 송아지를 들어서 옮기고 있다.

미술 | 밀레는 농부였던 자신의 경험을 토대로 농촌의 고단하고 열악한 일상의 삶을 그린 프랑스의 대표적인 사실주의 작가이다. 이러한 농촌 그림에는 일하는 사람들의 인

The Gleaners, 1857

물보다 노동의 행위가 구체적으로 묘사되고 있다. 그의 대표작 중하나는 가난한 시골 여인들이 곡식을 수확한 후 들판에 남아 있는

이삭을 줍는 모습을 그린 〈이삭 줍는 사람들〉이다.

미술 | 사실주의는 19세기 중반 프랑스에서 발생한 미술사조로써 대상을 있는 그대로 재현하는 데 중점을 두었다. 여기서는 자연의 존중과 관찰이 주요한 과제로 쿠르베, 밀레 등이 대표적인 사실주의 화가이다.

운동 경기의 안정성

스모나 유도 경기에서는 넘어지면 지기 때문에 선수들은 안정성을 확보하기 위하여 몸의 무게 중심을 낮추고 무릎을 구부리면서 어정쩡한 자세를 유지한다. 이러한 경기에서 순발력이 필요한 경우에는 무게의 중심을 앞으로 순간 이동시켜서 몸을 가볍게 앞으로 날릴 수 있어야 하므로, 두 발을 모아서 앞발에 무게 중심을 싣는 동시에 뒷발에도 체중을 실어 바닥을 치고 나갈 수 있게 한다.

검도에서는 안정성을 얻기 위해서 무게 중심을 아래로 해야 하지만 바로 순발력으로 이어져야 하므로 무게 중심을 안정성과 순발력에 모두 사용할 수 있도록 해야 한다. 예를 들어 머리치기를 할 경우, 한 발과 양측 상지와 죽도가 함께 앞으로 나가기 때문에 그에 따라 무게의 중심은 전 상방에 위치하게 된다.

Shigetoshi, Picture of a Sumo Wrestling Match in Yokohama, 1861

씨름은 중심을 무너뜨리면 이긴다

시게토시의 〈요코하마에서의 스모 레슬링 시합도〉는 요코하마에서 벌어진 일본 스모선수들과 외국인들 사이의 시합을 묘사하고 있는 채색 목판화이다. 이 그림에서 영국 또는 미국 군복을 입고 있는 남자가 일본 스모선수의 도전을 받아들이기 위해 우산을 던졌음이 분명하다. 이런 종류의 그림들은 종종 일본 스모선수가 상대편의 중심을 무너뜨린 후에 승리를 하는 것으로 매듭이 지어진다. 이 경기도 마찬가지 방식으로 경기가 끝날 듯한 느낌을 준다.

물리 │ 씨름선수들이 밀거나 당기거나 들어 올리는 동작을 하는 것은 모두 상대방의 중심을 무너뜨리기 위한 전략이다. 일단 무게 중심이 무너지면 쉽게 넘어지므로 씨름은 무게 중심을 무너뜨리는 운동 경기라고 할 수 있다.

미술 │ 시게토시는 Hiroshige I의 제자로 19세기에 활동한 일본 화가로만 알려져 있다. 당시에 제작된 스모를 주제로 한 채색 목판화가 여러 점 존재한다.

2. 힘

물체가 운동을 하려면 힘이 필요하다. 힘에는 그 크기가 일정하게 유지되는 보존력과 원래의 크기로 회복되지 않고 소모되는 비보존력이 있다.

비보존력

물체를 밀거나 잡아당길 때 마찰력이 작용하면 물체는 저절로 원래의 위치로 되돌아가지 않는다. 따라서 물체를 원위치로 되돌려 놓으려면 처음과 반대 방향으로 또다시 힘을 주어야 한다. 이는 마찰력이 작용하면 일부는 열로 변환되어 역학적 에너지가 보존되지 않기 때문인데 이러한 힘을 비보존력이라 한다.

고양이한테 생선가게 맡긴다

'고양이에게 생선가게를 맡기다'라는 속담이 있다. 생선을 좋아하는 고양이한 테 가게를 지키라고 하면 지 키기는커녕 되려 훔쳐 먹을 것이니, 믿지 못할 사람에게 귀중한 물건을 맡겨 손해 볼
것이 뻔하다는 뜻으로 쓰는 말이다.

마찰력은 비보존력이다

운동선수들이 체력을 다
지기 위해서 타이어를 끌
면서 운동장을 뛰어다닐
때는 반환점까지 갈 때뿐
아니라 출발점으로 되돌아
올 때도 힘을 들여야 한다.
이는 마찰력이 있을 경우
물체를 이동시키더라도 스

스로 원래 자리로 되돌아가지 않기 때문이다. 따라서 물체를 잡아당길
때 마찰력 때문에 쓴 힘은 반환점을 지나서도 돌려받을 수 없다. 즉 마
찰력은 역학적 에너지가 보존되지 않는 비보존력이다.

힘주어 작업하는 사람들

카유보트는 〈바닥을 긁어내는 사람들〉에서 나무 바닥을 준비하는 노
동자를 묘사했다. 그는 작품에서 화면을 수평으로 자른 듯한 면, 창문을
통해서 일정한 방향으로 강하게 들어오는 햇빛, 자유로운 붓놀림 등을
사용한 참신한 기법을 선보였다. 여기에서 노동자의 손동작을 놀라울
정도로 클로즈업하여 일꾼들이 새로 지은 아파트의 마룻바닥을 긁어내
고 있는 장면을 사실적으로 표현했다. 카유보트는 도시 근로자를 묘사
하는 첫 번째 인상파 화가였으며 파리가 점차 근대화될수록 이러한 주
제는 더욱 대중화되었다.

Gustave
Caillebotte,
The Floor
Scrapers, 1875

물리 | 카유보트의 작품을 보면 마룻바닥에 힘을 주는 것이 느껴진다. 마룻
바닥을 긁을 때 사용하는 힘은 다시 되돌릴 수 없는 비보존력이다.

미술 | 카유보트는 노동자나 일
반인들, 그리고 변화되는
도시를 주제로 하여 신선
한 분위기와 자연스러운
순간을 포착하고 도시화

되어 가는 사회의 달라지는 모습을 일상적이고 단편적이며 사실
적으로 표현했다. 이러한 묘사는 일부 비평가들에 의해 저속한 것
으로 간주되었으나 점차 인상파의 주요 주제가 되었다. 〈Skiffs on
the Yerres, 1877〉는 인상주의로 그린 뱃놀이 풍경이다.

저항력은 비보존력이다

유체에서 물체가 움직일 때 물체의 뒷부분에는 와류라고 부르는 불안정한 유체의 흐름이 생긴다. 와류 내부의 유체의 속도는 정상 상태의 속도보다 빠르기 때문에 유체의 압력은 낮아진다. 따라서 앞부분의 압력이 뒷부분보다 커져 운동 방향에 대해 반대 방향으로 끌리는 힘을 받으므로 와류는 저항력을 만든다. 예를 들어 배가 앞으로 나가는 것은 스크루가 돌면서 물을 뒤로 밀어내기 때문이므로 스크루가 빨리 돌면 물을 세차게 뒤로 밀어내면서 배는 더 빨리 앞으로 나간다. 그런데 스크루가 빨리 돌수록 배의 뒤편에 소용돌이도 더 많이 생겨 배가 진행하는 것을 방해한다. 따라서 스크루가 빨리 돌수록 배의 추진력이 강해지는 반면에 소용돌이도 강해지므로 저항력이 커져 스크루를 빨리 회전시키면 처음에는 속도가 증가하지만 어느 정도 이상은 빨라지지 않는다. 이러한 저항력은 배가 앞으로 나가지 못하게 방해하는 소모적인 힘이므로 비보존력이다.

마찰이 없으면 어떤 일이 벌어질까?

마찰이 없으면 에너지 소비가 없으므로 영구 운동이 가능하다는 장점이 있는 반면에 불편한 경우도 있다. 예를 들면 마찰이 없으면 우리는 걸어 다닐 수조차 없게 된다. 왜냐하면 걷기 위해서는 한 발은 땅을 밟고 서 있는 상태에서 다른 한 발로 땅을 밀어 그 반작용으로 앞으로 나가야 하는데 미끄러워서 땅을 밀 수 없기 때문에 헛걸음만 걷게 된다. 그래서 미끄러운 눈길을 걸어갈 때는 마찰력을 주기 위해서 아이젠을

착용하기도 한다. 또한 우주 공간
에서는 마찰이 없으므로 걷는 것은
불가능하다. 이때는 로켓을 이용한
작용-반작용을 이용해서 앞이나
뒤로 움직여야 된다.

빙판길처럼 마찰이 작은 미끄러운 길에서는 자
동차가 달릴 수 없다. 그래서 눈이 많이 내린 날
은 바퀴의 마찰력을 크게 하기 위하여 스노타이
어를 장착하고 자동차를 운행한다.

마찰이 없으면 자전거를 탈 수 없다. 자전거의
페달을 밟으면 바퀴는 길에 대하여 뒤쪽 방향으로
밀려나는 마찰력을 받고 이에 대한 반작용으로 자
전거는 앞으로 나가게 되는데 마찰력이 없으면 바
퀴가 헛돌아 자전거는 앞으로 나갈 수 없다.

유체의 경우는 저항력을 크게 만들면 낙하하
는 물체는 천천히 떨어진다. 예를 들
어 스카이다이빙을 할 때 몸을 활짝
펼치면 저항력이 커져서 낙하 속도를
줄일 수 있다. 스카이다이버에게 공
기는 일종의 마찰 쿠션이다. 공기 저
항이 없다면 낙하산은 아무 쓸모가
없다.

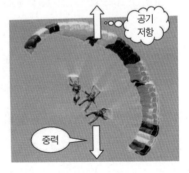

마찰이 없으면 음악도 연주할 수 없다. 바이올린이나 첼로와 같은 현악기는 현과 활에서 생기는 마찰의 주기적인 반복이 아름다운 선율을 만들기 때문이다. 그래서 마찰을 크게 하기 위해서 현악기의 활에는 가끔 송진을 칠한다.

스키를 탈 때는 마찰이 작아야 속도가 빠르지만 슬로프를 다 내려와서 멈출 때는 스키와 눈 사이의 마찰을 최대로 만들어서 속도를 줄여야 한다. 만일 마찰이 없다면 어딘가에 충돌한 후에야 정지하게 될 것이다.

보존력

중력과 탄성력은 에너지를 되돌려받을 수 있는 보존력이다.

무기로 사용되는 활

귀스타브 모로는 헤라클레스의 신화에 매료되어 풍부한 상상력을 발휘하여 〈헤라클레스와 Lernaean 히드라〉라는 신화적인 작품을 완성했다. 거의 원시에 가까운 갈색 페인트 위에 어렴풋이 보이는 것은 머리가 일곱 달린 괴물 히드라이며 늪지대에는 희생자들이 흩어져 있다. 헤라클레스는 무기를 들고 일곱 번째 '불멸의 머리'를 절단할 준비를 하고 있다. 이 그림은 주제의 폭력성에도 불구하고 섬뜩할 정도로 고요하고 거의 얼어붙은 것처럼 보인다. 전반적으로 이 작품은 선과 악, 빛과 어둠의 세력 간의 도덕적 전투를 강렬하게 묘사하고 있다. 모로는 이 작품의 완성도를 높이기 위하여 등장 인물이나 사물의 디테일에 대하여 무수히 많은 연구를 하고 동물원에서 뱀의 움직임을 스케치했다고 한다.

Gustave Moreau, Hercules and Lernaean Hydra, 1875/1876

미술 | 모로는 프랑스의 화가이자 조각가로서 역사, 신화, 신비주의, 그리고 이국적이고 기괴한 것에 대한 매혹을 결합한 개인적인 비전을 발전시켰다. 그는 낭만주의 전통에 뿌리를 두고 물질세계의 현실을 기록하거나 포착하는 것보다 인간 존재의 영원

Giotto, 1882

한 수수께끼의 표현에 중점을 두었다. 〈Giotto〉는 상징주의로 그린 작품이다.

그림에서 헤라클레스는 무기 중의 하나로 활을 지니고 있다. 활을 잡아당긴 채로 있으면 아무 일도 일어나지 않지만 활시위를 놓으면 화살은 빠르게 날아간다. 이것은 활을 잡아당기면 위치에너지가 생기기 때문이다. 이와 같이 변형

된 탄성체가 가지고 있는 에너지를 탄성력에 의한 위치에너지, 또는 탄성에너지라고 한다.

보존력

활을 잡아당기면 탄성에 의하여 활은 휘어졌다가 다시 원래의 모습으로 되돌아가면서 화살이 날아간다. 즉 활에 주어진 힘은 없어지는 것이 아니라 화살이 날아가는 힘으로 사용된다. 이러한 탄성력은 없어지지 않고 다시 되돌려지므로 보존력이라고 한다.

용수철의 위치에너지

용수철도 잡아당겼다가 놓으면 원상태로 돌아가면서 에너지를 발산하므로 용수철은 위치에너지를 가지고 있다. 이때 힘을 받아 압축되거

나 늘어난 용수철은 처음의 모습대로 되돌아가려는 힘을 가지고 있으며 변형된 용수철은 외부의 힘

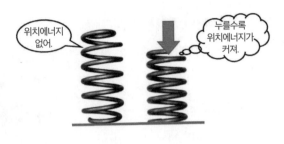

이 한 일과 같은 양의 에너지를 갖고 있다가 원래의 길이로 돌아가면서 다른 물체에 일을 하게 된다.

완력기는 누를 때만 힘을 쓴다

완력기는 용수철을 이용한 운동 기구이다. 이 운동 기구를 누를 때는 힘을 주어야 되지만 놓을

때는 저절로 원래의 상태로 돌아간다. 따라서 이러한 탄성력을 이용한 운동 기구를 사용할 때는 한쪽 방향으로만 힘을 주고 그 반대 방향으로는 전혀 힘을 줄 필요가 없다.

중력은 보존력이다

중력 하에서 물체가 떨어질 때는 물체의 높이가 줄어들수록 위치에너지는 감소하지만 속도는 점차 빨라져서 운동에너지는 증가하므로 물체의 전체 에너지는 항상 일정하다. 이와 같이 중력의 경우는 물체를 들어

올리면서 사용한 힘은 물체가 낙하할 때 되돌려받으므로 중력도 보존력이다. 따라서 중력에 의해서 운동할 때는 역학적 에너지가 보존된다.

역기는 들어 올릴 때만 힘을 쓴다

쇳덩어리를 들어 올리는 역도 경기는 중력이 있어야만 가능한 운동이다. 중력은 항상 물체를 아래로 끌어내리기 때문에 운동선수들은 중력과 반대 방향인 위쪽으로 역기를 들어 올려야 한다. 선수들은 무거운 역기를 힘들여 들어 올리지만 내릴 때는 전혀 힘을 들이지 않아도 중력에 의해서 저절로 아래로 내려간다.

보존력이 한 일

역기를 위로 들어 올리는 것을 '일을 한다'고 하면 중력에 의해서 역기가 아래로 내려오는 것은 '일을 받는다'라고 할 수 있다. 따라서 역기를 들어 올렸다가 내려놓으면 일을 한 만큼 돌려받으니 결과적으로 아

무 일도 안 한 셈이다. 용수철도 마찬가지로 용수철을 누르는 것을 일을 한다고 하면 용수철이 늘어나는 것은 일을 받는다고 할 수 있으니 용수철을 눌렀다가 놓으면 일을 안 한 것이 된다. 이와 같이 보존력은 위치만의 함수이므로 보존력이 한 일은 경로에 관계없이 처음 위치와 나중 위치에 의해서만 결정된다. 따라서 만일 물체가 처음의 위치로 되돌아오면 전체적으로 한 일은 0이 된다. 이와 같이 보존력은 위치만의 함수이므로 보존력이 한 일은 경로에 관계없이 처음 위치와 나중 위치만 같으면 해준 일은 동일하다.

원위치로 되돌아오면 보존력이 한 일은 아무것도 없다

보존력은 위치만의 함수이므로 보존력이 한 일은 처음 위치와 나중 위치에 의해서만 결정된다. 따라서 등산할 때 정상까지 올라갔다가 원위치로 내려오면 전체적으로 한 일은 0이다.

3. 운동의 법칙

물체의 모든 움직임은 뉴턴의 세 가지 운동 법칙을 따른다. 이들은 이름하여 관성의 법칙, 가속도의 법칙, 작용-반작용의 법칙이다.

발레의 움직임

로트레크가 〈발레 댄스〉를 그린 것은 그의 나이 겨우 21세 때였다. 이 그림에서 발레리나의 연속적인 동작은 마치 슬로우비디오를 보는 느낌을 준다. 이 그림은 발레 댄스의 대표적인 화가 드가의 작품 활동에도 영향을 주었다.

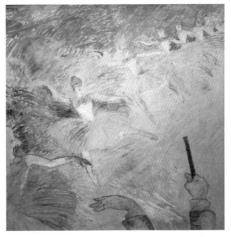

Henri de Toulouse-Lautrec, Ballet Dancers, 1885/1886

미술 | 로트레크는 19세기 후반 파리의 다채롭고 현대적이며 때로는 퇴폐적인 일에 대한 유혹적이고 우아하며 도발적인 복합적 이미지를 작품으로 만들었다. 그는 세잔, 고흐, 고갱 및 쇠라와 함께 후기 인상파 시대의 가장 잘 알려진 화가 중 한 명이다. 젊은 세탁부를 그린 작품 〈La Blanchisseuse〉는 2005년 크리스티 경매에서 2,240만 달러에 판매되어 경매 가격의 새로운 기록을 세웠다. 이 작품은 노동 계급 여성의 삶이 얼마나 고단한지를 묘사하고 있다.

La Blanchisseuse, 1886

물리 | 발레 동작은 무게 중심과 뉴턴의 운동 법칙이 복합적으로 포함된 연속적인 움직임이다.

관성의 법칙

물체는 외부에서 힘이 작용되지 않으면 운동 상태를 변하지 않으려는 성질이 있다. 즉, 정지하고 있던 물체는 계속해서 정지해 있으려 하고 움직이고 있던 물체는 계속해서 움직이려 하는데 이를 관성의 법칙이라고 한다. 또한 운동 상태가 변화되지 않을수록 관성이 크다고 한다. 질량이 작은 물체는 힘을 조금만 받아도 속도가 금방 변하므로 관성이 작고 질량이 큰 물체는 속도가 잘 변하지 않으므로 관성이 크다. 질량이 클수록 힘을 받아도 가속도가 잘 변하지 않으므로 관성은 질량에 비례한다.

식탁보를 낚아채면 그 위에 놓인 식사 세팅은 어떻게 될까

샤르댕의 〈흰 식탁보〉에는 테이블 가장자리보다 튀어나온 과일 칼, 뒤집어 엎어진 유리잔, 음식물 찌꺼기 등이 함께 그려져 있다. 이러한 주제는 17세기 네덜란드에서 공

Jean-Simeon Chardin, The White Tablecloth, 1731/1732

통적으로 많이 사용하던 주제이다. 이 작품이 설치된 특이한 모양의 액자를 보면 이 그림은 난로의 스크린으로 사용되었음을 알 수 있다. 이 작품을 바닥에 놓고 쳐다보면 놀랍게도 그림 속의 탁자가 난로 안으로 들어간 것 같은 착각을 일으키게 한다.

물리 | 식탁보 잡아채기

식탁보를 급하게 잡아당기면 식사 세팅은 원래 자리에 그대로 있고 식탁보만 빠져나오게 된다. 이는 식탁보를 세게 잡아당기면 관성의 법칙에 의해서 접시, 유리잔, 빵 등의 식사 세팅을 그대로 유지한 채 식탁보만 잡아당겨지기 때문이다. 그런데 이 그림에서는 유리잔이 쓰러져 있고 과일 칼과 쟁반이 테이블 가장자리까지 밀려나온 것으로 보아 식탁보를 주저주저하면서 당긴 것으로 보인다.

The Embroiderer, 1733/1735

**미술 | 샤르댕은 18세기 정물화의 대가이며 장르화로도 유명하다. 그는 단순하지만 아름다운 질감의 정

물을 선호했으며 부엌 하녀, 어린이, 가사 활동을 묘사한 장르화를 섬세하게 다루었다. 그의 그림은 조심스럽게 균형 잡힌 구성과 부드러운 빛의 확산이 특징이다. 〈The Embroiderer〉는 뜨개질하는 여인을 묘사한 장르화이다.

식탁보를 낚아채면…

프랑스의 인상파 화가 뷔야르는 〈항아리와 나이프가 있는 정물화〉에서 적갈색 계통의 색깔을 주로 사용하여 양파, 당근, 감자 등의 일반적인 음식 재료에 토속적인 느낌을 주고 있다.

Edouard Vuillard, Still Life with Jug and Knife, 1888/1889

물리 | 식탁보를 세게 잡아채면 식탁보만 빠져나오고 양파, 감자, 물주전자, 칼 등의 물건들은 테이블에 그대로 남아 있게 된다. 이는 식탁보는 당겨지지만 관성에 의해서 다른 물건들에는 힘이 전달되지 않기 때문이다. 그러나 식탁보를 천천히 당기면 식탁 위에 있는 물건들에도 힘이 전달되기 때문에 식탁보와 함께 다른 물건들도 당겨진다.

미술 | 뷔야르의 그림은 일본 판화의 영향을 받아 평면적이다. 또한 그는 장식 예술가로서 극장 세트, 실내 장식용 패널, 접시와 스테인드글라스 등을 디자인했으며 작품의 주제는 색상과 패턴으로 혼합되어 있다. 그는 예술 작품이 자연의 묘사가 아니라 예술가

Woman in a Striped Dress, 1895

가 창조한 은유와 상징의 합성이라고 믿었으며 후년에는 보다 사실적인 스타일을 채택하여 풍경과 인테리어를 화려한 디테일과 생생한 색상으로 그렸다. 〈줄무늬 옷을 입은 여인〉은 장식성이 강한 스타일의 작품이다.

돌부리에 걸리면 넘어진다

길을 걷다가 돌부리에 걸리면 앞으로 넘어진다. 특히 뛰어가다가 돌

부리에 발이 걸리면 주체할 수 없이 앞으로 넘어지는데 이것은 발이 돌에 걸리면 발은 제자리에 정지하지만 몸은 계속해서 앞으로 가려고 하는 관성 때문이다.

스모선수는 무거울수록 유리하다

일본 스모선수들은 몸이 비대한 거인들이 많다. 이는 일본 씨름인 스모는 상대편 선수를 링 밖으로 밀어내면 이기는 경기이므로 선수들의 몸무게가 무거울수록 관성이 커서 유리하기 때문이다.

개는 몸을 흔들어 물을 턴다

개는 물에서 나오면 몸을 떨면서 순식간에 물을 턴다. 털이 있는 동물들은 피부가 연하여 몸을 심하게 떨면 여기에 따라 털이 흔들리므로 털에 붙어 있던 물방울들이 관성 때문에 털

에서 떨어진다. 그래서 개들은 몸을 흔들어 물기를 말린다.

급정거, 급발진

자동차를 타고 가다가 차가 갑자기 서면 몸이 앞으로 기울어지고, 정지해 있던 차가 갑자기 출발하면 몸이 뒤로 넘어지는 것은 우리 몸이 제자리에 가만히 있으려는 관성 때문이다.

배 위에 바위를 얹고 해머로 내려치는 차력술

배 위에 얹은 바위를 커다란 해머로 내려치는 데도 사람은 다치지 않고 바위만 깨지게 하는 차력술이 있다. 여기서 중요한 것은 주저하지 않고 바위를 세게 내려치는 데 있다. 만일 해머로 급하게 내려치면 모든 힘

이 바위를 깨는 데 사용되므로 안전하지만, 천천히 해머를 내려치면 힘의 일부가 배에 전달되어 다칠 수 있다.

줄을 당겨 원하는 위치에서 끊기

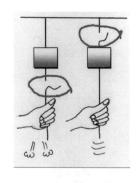

무거운 물체의 위와 아래에 각각 실을 묶고 위쪽 실은 천장에 고정시킨 후, 아래쪽 실을 잡아당기면 어디가 끊어질까? 이것은 실을 잡아당기는 방법에 따라 다르다. 실을 급히 잡아당기면 힘이 아래쪽 실에만 작용되어 아래쪽 실이 끊어지고, 천천히 잡아당기면 잡아당기는 힘과 물체의 무게가 모두 위쪽 실에 작용하므로 위쪽 실이 끊어진다.

가속도의 법칙

물체에 힘을 가하면 힘의 크기에 비례하고 물체의 질량에 반비례하는 가속도가 생긴다. 따라서 공을 세게 던질수록 공은 힘의 크기에 비례하여 더 빠른 속도로 날아간다.

산책

마네는 〈산책(갬비 부인)〉을 통하여 패셔너블한 파리 여인의 초상화를 그렸다. 그는 자신의 스튜디오에서 이 그림을 그렸는데 짙은 초록색을 배경으로 모델은 근거리 포즈를 취하고 있으며 주변의 나뭇잎들은 여인의 의상과 얼굴의 거친 윤곽을 부드럽게 하고 땅의 경계를 흐릿하게 만들어 주고 있다. 마네는 죽을 때까지 이 작품을 간직하고 있었으며 그의 사후에 이 작품의 모델이었던 로랑이 소유했다가 그녀의 고향인 프랑스 낭시에 있는 미술관에 유산으로 양도했다.

Edouard Manet, The Promenade (Madame Gamby), 1880/1881

미술 | 마네는 19세기 현대적 삶의 모습을 주요 소재로 했으며 사실주의에서 인상주의로의 전환에 중추적인 역할을 한 인물이다. 그의 초기 걸작인 〈풀밭 위의 점심 식사〉는 정장 차림의 남성과 누드의 여성을 동시에 등장시킴으로써 비난을 받기도 했으나 이 작품과 아울러 그의 〈올랭피아〉는 현대미술의 시작을 알리는 분수령으로 간주되고 있다.

Le Dejeuner sur l`herbe, 1862/1863

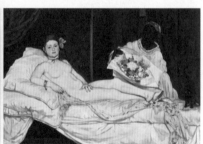

Olympia, 1863

물리 | **골프 공을 멀리 날려 보내려면 풀-스윙을 해야 한다**

골프에서 공을 멀리 보내기 위해서는 골프공에 타격하는 힘이나 시간이 증가해야 된다. 클럽으로 공을 타격한 후 부드럽게 마무리하는 단계인 팔로우잉-스루는 힘이 전달되는 시간

을 증가시킴으로써 골프공을 더 멀리까지 나가게 한다. 그러므로 공을 멀리 보낼 때는 풀 스윙이 필요하다.

토끼의 도약

포르투갈 화가 카르도소가 파리에서 활동하면서 그린 〈토끼의 도약〉은 활력 있는 구성과 풍부한 색채, 역동적인 형태로 이루어져 있는 독특한 스타일의 그림이다. 그는 파리에서 접

Amadeo de Souza-Cardoso, The Leap of the Rabbit, 1911

한 세잔의 작품들, 이국풍의 발레 의상 디자인, 이베리아반도의 토속적인 타일 작품 등 여러 자료들을 절충하고 혼합하여 묘사했다. 이 작품은 1913년에 미국인들에게 유럽의 전위예술을 소개하면서 전시되었던 작품이다.

물리 | 2보 전진을 위한 1보 후퇴라는 말이 있다. 토끼는 다리를 움츠렸다가 길게 뻗으면서 힘을 주기 때문에 멀리 뛸 수 있다.

미술 | 카르도소는 포르투갈 모더니스트 화가 1세대에 속하며 큐비즘과 표현주의를 지향했다. 그의 그림은 색상과 구성이 무작위적이거나 혼란스러워 보일 수 있으나 명확하게 정의되고 균형이 잡혀 있다. 또한 그의 혁신적인 그림은 콜라주와 유사하며 추상화로 가는

길을 열어 주었다고 평가되고 있다. 그의
대표작 중 하나는 평평한 배경에 두 마리
의 그레이하운드와 토끼를 보여주는 〈그
레이하운드〉이다.

Os Galgos, 1911

공을 멀리 던지려면 팔을 길게 뻗어라

야구 투수가 공을 멀리 던지려
면 팔을 오므렸다가 길게 뻗어야
된다. 팔을 길게 뻗을수록 공에
힘이 전달되는 시간이 길어지므
로 공을 멀리 던질 수 있다.

팔을 뻗는 동안
공에 힘이 공급되지

작용-반작용의 법칙

힘을 주는 것과 받는 것은 상호 간의 작용이지 단독으로 존재할 수 없
으므로 작용과 반작용은 항상 크기가 같고 방향이 반대인 한 쌍의 힘으
로 작용한다.

총을 쏘면 배가 뒤로 밀린다

〈레일 사냥〉은 래니가 그린 늪에서의 오리 사냥 시리즈 중의 한 작품
으로써 1850년대 미국의 시골생활을 묘사하고 있다. 포수가 멀리서 새
를 쏘아 맞힌 후 새가 땅에 떨어지기 시작하는 순간을 포수의 뒤에서 바

William Tylee
Ranney and
William Sidney
Mount, Rail
Shooting,
1856/1859

라본 모습을 그리고 있으나 포수의 동작은 낡은 코트를 입고 긴 막대로 배를 고정시키고 있는 백발의 하인을 주의 깊게 표현하기 위하여 중요시하지 않았다. 또한 포수와 하인 사이에는 소년과 사냥개 두 마리가 멀리 있는 사냥감을 응시하고 있으며 대각선으로 배를 고정시키고 있는 긴 막대, 보트, 들어 올린 총은 모두 왼쪽 멀리 있는 새에 초점을 모으고 있다. 래니는 2년간의 작업 후 미완성의 그림을 남기고 세상을 떠났으며 유족의 요청에 따라 그의 친구가 그림을 완성했다.

미술 | 래니는 미국의 초기 장르화가로 사냥꾼, 스포츠 풍경, 역사적 주제 및 초상화를 묘사한 것으로 유명하다. 그의 대표작 〈On the Wing〉은 다음 목표물을 격추시

On the Wing, 1850

키려는 사냥꾼을 묘사하고 있다. 이 그림의 매력은 기만하고 침착한 사냥꾼과 긴장에 넘치는 순간의 묘사에 있다. 개는 움직이지 않지만 잠재적인 에너지로 가득 차 있는 것이 느껴진다.

물리 | 포수가 총을 쏠 때의 반작용으로 배가 뒤로 밀리는 것에 대비하여 노 젓는 남자는 장대로 배를 지탱하고 있다.

롤러블레이드를 타고 밀면 가벼운 사람이 더 많이 밀린다

롤러블레이드에서 서로 밀면 두 사람 모두 뒤로 밀린다. 이때 양쪽에 미치는 힘의 크기는 서로 같으므로 가벼운 사람이 더 많이 밀린다.

총을 쏘면 몸이 뒤로 밀린다

커다란 키와 다부진 체격을 가진 페르튀제는 모험가이자 큰 짐승을 잡는 사냥꾼이며 야심적인 화가였다. 이 초상화는 페르튀제가 사자 가죽을 전리품으로 전시하고 그의 사자 사냥의 모험에 대한 기록을 『사자 사냥꾼의 탐험』이라

Edouard Manet, Mr. Eugene Pertuiset, the Lion Hunter, 1881

는 책으로 발표한 1878년보다 1년 전인 1877년에 그리기 시작했다. 마네는 이 인위적인 장면을 스테이지에서 연출하고 그의 말년의 작품 중 가장 큰 작품으로 〈사자 사냥꾼 외젠 페르튀제〉를 만들었다. 이 작품에서 페르튀제는 젊은 시절부터 대중에게 알려진 의상을 과시하면서 그의 유명한 사자 앞에서 영웅적인 모습으로 포즈를 취하고 있다.

물리 | 총과 총알

총을 쏘면 총알은 앞으로 나가고 총신은 뒤로 움직인다. 따라서 포수가 총을 쏘면 총알의 반작용으로 포수의 어깨는 뒤로 밀린다.

소도 언덕이 있어야 비빈다

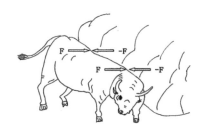

사람도 의지할 데가 있어야 이것을 발판으로 삼아 무슨 일을 할 수 있지, 의지할 데가 없으면 성공할 수 없다는 뜻으로 "소도 언덕이 있어야 비빈다"라는 속담이 있다. 실제로 소가 일어나기 위해서는 소가 미는 것과 같은 크기의 힘으로 받쳐 주어야 한다.

노 젓는 사람들

〈푸르네즈 식당에서의 점심(노 젓는 사람의 점심)〉은 여름에 휴가차 놀러 가서 레크리에이션으로 노를 젓는 사람들이 자주 방문하는 센 강의 작은 섬에 있는 식당의 테라스에서 르누아르의 친구들이 식사

Pierre-Auguste Renoir, Lunch at the Restaurant Fournais (The Rower's Lunch), 1875

하는 장면을 그린 것이다. 식당에서 마주 보이는 곳에 보트를 타고 있는 사람들의 모습이 여럿 보인다.

물리 | 노를 앞으로 저으면 배는 뒤로 간다

노를 저으면 배가 간다. 이때 노는 물을 앞으로 밀어내고 물은 배를 뒤로 민다. 이렇게 노와 배는 항상 반대 방향으로 움직인다. 이때 노의 움

직임을 작용이라고 하면 배의 움직임은 반작용이다. 따라서 뱃놀이하는 사람들이 배를 타고 다닐 수 있는 것은 노를 저으면 그 반

작용으로 배가 움직이기 때문이다.

보트에서 내릴 때 무거운 사람은 빠지기 쉽다

보트에서 뛰어내리면 보트는 뒤로 밀려간다. 이때 작용과 반작용의 크기는 같으므로 무거운 사람이 내리면 보트가 더 많이 밀린다. 따라서 무거운 사람일수록 물에 빠지기 쉬우니 천천히 조심스럽게 발을 앞으로 내밀면서 내려야 된다.

4. 중력

태양과 지구, 태양과 달, 별과 별뿐 아니라 우주에 존재하는 모든 것은 서로 잡아당긴다. 이들이 공통적으로 가지고 있는 특성이 질량이다. 결

국 질량이라는 보이지 않는 끈이 존재하므로 이들 사이에는 서로 끌어당기는 힘이 존재한다.

지구가 그 주변에 있는 질량을 가진 물체를 끌어당기는 힘을 중력이라 한다. 중력은 지구 중심을 향하는 힘이며 질량이 있는 모든 물체에 똑같이 작용한다. 그리고 서로 접촉을 하지 않고도 영향력을 미친다.

세잔과 뉴턴의 사과

〈사과 바구니가 있는 정물〉에서 세잔은 어떤 곳에서는 눈에 띄도록 분명한 윤곽을 사용하고 다른 곳에서는 대강의 테두리만 그렸다. 또한 식탁 위에 놓인 과일을 오른쪽과 왼쪽에 이

Paul Cezanne, The Basket of Apples, 1893

상하게 정렬했다. 이러한 특징들은 세잔이 정물화에 대한 통상의 모델링과 관점을 한계 밖으로 끄집어내어 새로운 구성을 하려고 노력한다는 것을 보여준다. 세잔에게 정물화를 그리는 것은 감동을 느끼는 것과 그림을 그리는 것, 그리고 그 둘 사이의 관계를 명상하는 것이었다고 한다.

미술 | 세잔은 인상주의, 입체주의 등 새로운 미술사조가 탄생하는 데 중요한 기틀을 마련했으므로 근대 회화의 아버지라고 불린다. 그는 정물화, 인물화, 풍경화를 비롯해 목욕하는 사람 등을 주제로 하여 실제 눈에 보이는 것에 가장 가깝게 표현할 수 있는 화법을 적용했다. 그 결과 사물을 원뿔, 원통, 구 등의 형태로 단순화시키고 간단한 색채를 사용했다. 그는 특히 사과를 주제로 한 정물화를 많이 그렸는데 프랑스 화가 모리스 드니는 역사상 유명한 사과 세

개를 소개하며 첫째는 이브의 사과, 둘째는 뉴턴의 사과, 셋째는 세잔의 사과라고 하여 세잔의 사과 정물화는 더욱 유명해졌다. 〈금 간 벽이 있는 집〉은 인상주의 화풍의 풍경화이다.

The House with the Cracked Walls, 1894

물리 | 진공에서의 자유낙하

중력은 항상 지구 중심을 향하며 중력 가속도는 모든 물체에 대하여 똑같은 크기로 작용하기 때문에 무거운 물체나 가벼운 물체나 똑같은 속도로 떨어져야 된다. 그런데 공기 중에서 사과와 깃털을 동시에 떨어뜨리면 사과가 빨리 떨어지고 깃털이 늦게 떨어진다. 이것은 깃털이 공기

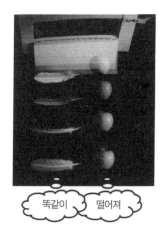

의 저항을 많이 받기 때문이며 진공에서는 사과와 깃털이 같은 속도로 떨어진다.

중력

아서 도브는 최초의 미국 추상파 화가이다. 그는 자연에서 기본적인

제2장 | 역학

형태를 추출하는 작품 활동을 했으며 그중에서 태양이 주된 주제 중의 하나였다. 〈은빛 태양〉을 통해서 그는 자연의 본성으로서 일정한 방향을 향하고 있는 중력만을 추출하려고 시도했다.

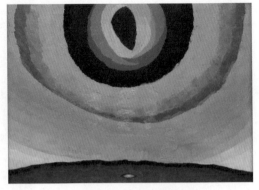

Arthur Dove,Silver Sun, 1929

물리 | 질량을 가지고 있는 물체들은 상호 간에 만유인력이 작용하며 지구의 중력은 항상 지구의 중심을 향하고 있다.

날개가 있는 것은 추락한다

〈날개 달린 인물〉은 여자 천사를 나타내고 있으며 세이어는 고귀한 분위기를 상징하기 위하여 여인의 등에 날개를 붙였다. 이 작품에서 세이어는 천사의 모습을 통해서 여성의 덕을 시각화하고, 질량과 중력의 감각을 통하여 여성의 실제적인 모습을 나타냄으로써 이상주의와 자연주의를 결합했다.

미술 | 세이어는 초상화와 풍경화를 주로 그렸으며 '천사'그림으로 가장 잘 알려져 있다. 그는 여성을 미덕의 화신으로 묘사하고 깃털 달

Abbott Handerson Thayer, Winged Figure, 1889

린 천사의 날개를 갖춘 이
상적인 인물로 표현했다.
세이어는 때때로 '위장의
아버지'로 불릴 정도로 위
장술에 기여했으며 위장술
에서 그가 발견한 자연의
역음영 counter shade 은 그의

Roseate Spoonbills, c1909

이름을 따서 '세이어의 법칙'이라고 한다. 〈장미색의 저어새〉는
역음영을 활용한 작품이다.

높은 곳에서 떨어진 개미

지구가 물체를 계속해서 잡아당기기 때문에 물체의 낙하 속도는 시
간이 지남에 따라 점차 빨라진다. 그러나 물체의 낙하 속도가 커지면 공
기에 의한 마찰력도 점차 커져서 결국은 중력과 같아지므로 물체의 낙
하 속도는 일정하게 된다. 이러한 최종 낙하 속도는 물체의 무게가 무거
울수록 커진다. 빗방울이 가는 이슬비가 빗방울이 굵은 소나기보다 훨
씬 천천히 내리는 것도 이런 이유이다. 가벼운 개미가 높은 곳에서 떨어
져도 아무런 해를 입지 않는 것도 질량이 작아서 중력을 대단히 작게 받
기 때문이다. 이에 반해 질량이 큰 코끼리는 중력을 많이 받으므로 치명
상을 입게 된다.

William Turner Dannat, Study for "An Aragonese Smuggler", 1881

물은 아래로 흐른다

이 작품은 한 시골 소년이 항아리에 든 술을 훔쳐 마시는 〈아라곤 밀수업자〉라는 대작의 예비 작품이다. 화가는 사실주의적 스타일로 자유로우면서 표현적인 붓놀림으로 작품을 표현했다.

미술 | 다낫은 미국의 초상화가이며 주로 스페인 소재의 그림을 그린 것으로 유명하다. 그는 다수의 초상화와 함께 〈아라곤 밀수업자〉라는 대작을 만든 후 펜싱, 권투, 자동차 경주 등으로 약 20년 동안 미술계를 떠났으며 그 후에는 초현실주의 스타일 예술로 돌아왔다.

Contrebandier Aragonais, 1883

물리 | **수돗물은 아래로 내려갈수록 가늘어진다**

소년이 항아리를 기울여 술이 아래로 흘러내리는데 이것은 지구의 중심을 향해서 작용하는 중력 때문이다. 또한 술이 아래로 내려갈수록 가늘어지는 것은 술이 떨어지면서 중력에 의해 점점 빨리 흐르기 때문이다. 술의 낙하 속도가 점차 빨라져서 술의 표면

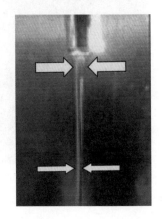

장력보다 더 큰 힘이 작용하면 술은 방울져 흩어지면서 떨어진다.

중력이 없는 세계는?

중력이 없는 세계에서는 위, 아래의 구분이 없다. 따라서 주전자 물을 쏟으면 물은 사방으로 퍼지며 표면장력으로 인해 물방울을 이루기도 한다. 또한 중력이 없으면 무게가 없으므로 마찰력도 없어서 길을 걸어 다닐 수 없다. 산소 따위의 가벼운 기체를 붙잡아 둘 수가 없어서 공기도 없다. 그러나 모든 물체의 비중은 차이가 없으므로 여러 가지 물질을 고루 혼합하기에는 유리하다.

5. 역학적 에너지

역학적 에너지에는 위치에너지와 운동에너지가 있다. 위치에너지는 공간상의 상대적인 위치에 따라서 일을 할 수 있는 능력을 저장한 것이다. 즉 위치에너지는 어느 한 점을 기준으로 하여 물체의 위치가 변했다가 기준점까지 이동할 때 방출하는 일의 양이며 경로와는 무관하다. 또한 위치에너지는 중력이나 탄성력 등의 보존력에서만 존재한다.

운동에너지는 운동하고 있는 물체가 지니고 있는 에너지로써 정지 상태에서 해당 속도까지 가속하는 데 필요한 일의 양을 말한다. 물체의 위치에너지와 운동에너지는 서로 변환되기도 한다. 예를 들어 높은 곳에 있는 물은 아래로 내려오면서 중력에 의하여 물레방아를 돌리고 활시위를 잡아당기면 탄성력에 의하여 화살이 날아간다. 이와 같은 에너지 변환이 일어날 때 역학적 에너지의 합은 항상 일정하며 이를 에너지 보존법칙이라고 한다.

등산은 날씬한 사람이 유리하다

뚱뚱한 사람과 홀쭉한 사람이 산에 올라갈 때는 뚱뚱한 사람이 더 힘들어한다. 왜냐하면 뚱뚱한 사람은 중력이 더 세게 잡아당기기 때문이다. 우리가 산 위로 올라가는 것은 중력을 거슬러 일을 하는 것이며, 일을 한 만큼 위치에너지가 증가한다.

높은 곳에서는 아래로 떨어진다

〈몽마르트르, 물랭 드 블루트팽 풍차의 테라스와 전망대〉는 고흐가 파리에 도착한 다음 해 겨울에 그린 것이다. 그림에 나타난 장소는 버려진 채석장, 뜰 앞의 채소밭, 풍차 등 사라져가는 과거의 시골 풍경을 대변하는 몽마르트르 부근의 특성을 나타내는 풍경화이다. 이제는 작동하지 않는 방앗간은 관광명소가 되었으며 그 옆에 우뚝 솟은 전망대에서는 파리의 전경을 바라볼 수 있다.

물리 | 중력에 의한 위치에너지

지구상의 물체에는 항상 지구의 중심을 향하여 중력이 작용하고 있다. 물체를 들어 올리면 중력과 반대 방향으로 일을 하는 것이므로 높은 곳에 있는 물체는 그 높이까지 들어 올리기 위해 한 일의

Vincent van Gogh, Terrace and Observation Deck at the Moulin de Blute-Fin, Montmartre, 1887

양만큼 위치에너지를 가지고 있다. 따라서 높은 곳은 낮은 곳보다 위치에너지가 크다.

역도선수는 키가 작을수록 유리하다

무거운 물체를 들어 올리려면 그 물체의 무게만 한 힘이 필요하다. 물체를 들어 올리면 중력을 거슬러 일을 한 것이며, 행한 일만큼 위치에너지가 증가한다. 역도선수의 경우 키가 클수록 역기를 더 높이 들어야 하므로 더 많은 에너지가 필요하다. 따라서 역도선수는 키가 작을수록 유리하다.

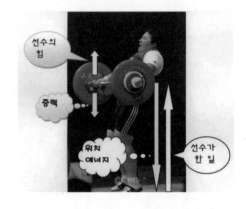

물레방아는 돌면서 곡식을 찧는다

호베마는 삼림지대의 전망을 전문으로 하는 네덜란드의 황금시대 풍경화가이다. 그의 그림은 장엄하면서도 조용한 시골 풍경, 흩어져 있는 나무, 물레방아 등을 주제로 했다. 〈커다란 빨간 지붕이 있는 물레방아〉는 자연으로부터 그림 전체의 프레임을 구성하면서 화가의 상상력으로 나무들을 극적으로 배치했다.

물리 | 물레방아는 위치에너지를 운동에너지로 변환시킨다.

Meindert Hobbema,
The Watermill with
the Great Red Roof,
About 1662/1665

물레방아는 중력을 이용하여 물의 위치에너지를 운동에너지로 변환시키는 대표적인 기구이다. 높은 곳에 있는 물은 낮은 곳보다 위치에너지가 크므로 물을 낙하시키면 물레방아는 돌면서 위치에너지의 차이에 해당하는 일을 하게 된다. 즉 위치에너지의 차이가 운동에너지로 변환되어 곡식을 찧는다.

미술 | 호베마는 네덜란드 황금기 시대의 풍경화가로서 삼림지대의 전망을 전문으로 했다. 그의 그림의 특징은 도로와 반짝이는 연못으로 펼쳐지는 햇살 가득한 평평한 숲에 나무들이 듬성듬성 흩

어져 그룹을 이루고 있
으며 때로는 물레방아
가 돌고 있는 풍경이
다. 가장 유명한 그의
작품은 이러한 분위기
와는 조금 다른 〈미들
하니스 거리〉이다.

The Avenue at Middelharnis, 1689

널뛰기의 에너지 변환

널뛰기는 높이 올라가 있
을 때는 위치에너지만 있으
며 아래로 내려오면서 운동
에너지로 바뀐다. 그래서 널
뛰는 사람의 에너지 형태는
변환되더라도 위치에너지와

운동에너지를 합한 역학적 에너지는 항상 일정하다.

물이 흘러내리면서 물레방아를 돌린다

프란츠 마르크는 강한 색깔과 과장된 형태를 사용하여 감정을 표현
하는 표현주의 예술가이다. 특히 동물들에 감정을 이입하는 데 흥미를
가지고 있으며 세상을 참신하고 정화된 눈으로 보려고 했다. 그는 이탈
리아 티롤 지방에 잠시 머무르면서 〈주문에 걸린 물레방아〉를 그렸는

Franz Marc, The Bewitched Mill, 1913

데, 그림 왼쪽에 있는 집과 물레방아는 인간 생활을 표현하고 있으며 오른쪽에 있는 나무와 동물들은 서정적인 영역에 형태를 부여한 자연을 나타내고 있다. 따라서 이 작품의 제목이 시사하는 점은 인간 생활과 자연의 '마술적인' 조화를 의미한다.

미술 │ 마르크는 독일의 표현주의 작가로서 자연환경에 있는 동물들을 밝은 원색을 사용하여 단순한 형태로 묘사했다. 독일 회화 중 그의 작품은 런던의 소더비 경

Grazing Horses III, 1910

매에서 가장 비싼 가격으로 거래되었으며 이 기록은 그의 또 다른 작품에 의해 몇 차례 갱신되었다. 최신 기록은 〈Grazing Horses III〉가 12,340,500파운드(약 250억 원)에 거래되었다.

미끄럼틀

미끄럼틀은 비스듬하게 놓인 판의 위에 올라가서 면을 따라 아래로 내려오는 놀이기구인데 경사진 판 위에 올라가서 앉아 있으면 저절로 미끄러져 아래로 내려가면서 점차 빨라진다. 이는 위치에너지가 운동에너지로 변환되기 때문이다.

롤러코스터의 에너지 변환

미끄럼틀을 대규모로 만들어서 여러 사람이 동시에 스릴을 느끼게 만든 것이 롤러코스터이다. 롤러코스터는 꼭대기까지 올라간 후에 중력에 의해 아래로 떨어지

면서 위치에너지를 운동에너지로 변화시키기 때문에 점점 속력이 빨라진다. 바퀴와 레일 사이의 마찰을 무시한다면 위치에너지가 감소하는 만큼 운동에너지가 증가하고 전체적인 역학적 에너지는 보존된다.

활은 위치에너지를 운동에너지로 변환시킨다

활은 탄력을 이용하여 위치에너지를 운동에너지로 변환시키는 기구로써 에너지를 저장할 수 있는 인류 최초의 연모였다. 활시위를 당기면 활이 탱탱하게 변형되면서 위치에너지가 저장된다. 이 상태에서 화살을 놓으면 활시위가 원래의 형태로 돌아가며 위치에너지가 운동에너지로 전환되어 화살이 앞으로 나간다.

탄성력에 의한 위치에너지

용수철을 당겼다가 놓으면 용수철은 원상태로 돌아가면서 에너지를 발산한다. 이때 힘을 받아 늘어난 용수철은 처음의 상태로 되돌아가려는 복원력을 가지고 있으며 변형된 탄

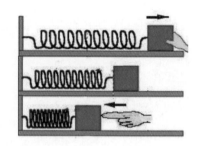

성체는 처음의 위치로 되돌아갈 때 다른 물체에 대해 일을 할 수 있다. 이와 같이 변형된 탄성체가 가지고 있는 에너지를 탄성력에 의한 위치에너지, 또는 탄성에너지라고 한다. 용수철에서 운동에너지와 위치에너지는 상호 전환되면서 역학적 에너지가 보존된다.

에너지 보존법칙

물체의 역학적 에너지는 항상 일정하게 보존되므로 중력만이 작용하는 공간에서 자유낙하하는 물체는 아래로 내려옴에 따라 위치에너지는 감소하며, 운동에너지는 증가하게 된다. 실 끝에 추를 매단 단진자의 경우도 진자가 운동함에 따라 운동에너지와 위치에너지는 상호 전환되면서 역학적 에너지는 보존된다.

6. 운동량과 충격

무거운 어른과 가벼운 어린이가 전속력으로 마주 달려오다가 부딪치면 어린이는 나가떨어질 정도로 큰 충격을 받지만 어른은 별로 충격을 받지 않는다. 이것은 같은 속도로 움직이더라도 무거운 사람이 가벼운 사람보다 운동량이 크기 때문이다. 여기서 운동량은 움직이는 물체의 속도와 질량의 곱으로 정의한다. 그래서 같은 속도로 달리더라도 어른의 운동량이 어린이의 운동량보다 더 크다. 미식축구의 수비수에 체격이 큰 헤비급 선수가 많은 것은 운동량이 클수록 상대편 선수와 충돌할 때 충격을 덜 받기 위해서이다. 반대 방향으로 마주 달려오던 커다란 트럭과 작은 승용차가 충돌하면 승용차는 형체를 알 수 없을 정도로 파손되지만 트럭은 약간의 상처만 입는데, 이것도 트럭은 충격을 별로 받지 않고 승용차는 큰 충격을 받았기 때문이다.

Winslow
Homer,
Croquet
Scene, 1866

크로켓 경기의 운동량

호머는 풍경화를 주로 그렸으며 크로켓 경기를 주제로 한 것은 다섯 점의 그림이 있다. 〈크로켓 경기 장면〉은 그중 네 번째 작품이며 공간을 정의하는 빛과 색깔의 사용이 가장 눈에 돋보이는 작품이다.

물리 | 충돌

충돌은 두 물체가 극히 짧은 시간 동안 서로 근접하여 강하게 상호 작용하는 것을 의미한다. 충돌하는 동안 전체의 운동에너지는 탄성 충돌일 때는 보존되지만 비탄성 충돌일 때는 작아진다. 그러나 운동에너지가 보존되지 않는 비탄성 충돌의 경우에도 운동량은 보존된다. 따라서 크로켓 경기에서 공을 치기 전후의 운동량의 합은 항상 일정하다.

운동량 보존

물체 각각의 운동 상태가 변하더라도 물체를 묶어서 생각한 '시스템'의 외부에서 힘이 작용하지 않으면 상호 작용 전의 운동량의 총합은 상호 작용 후의 운동량의 총합과 같은데 이것을 운동량 보존법칙이라고 한다. 즉 두 물체의 운동량의 합은 충돌 전후가 같으므로 운동량은 일정하게 보존된다. 운동량 보존법칙이 적용되는 상호 작용의 보기로는 충돌, 분열, 융합, 관통 등이 있다.

자동차의 충돌

차가 충돌할 때는 충격을 적게 받아야 안전하다. 충격은 운동량과 동일한 물리량이며 힘과 시간의 곱으로 나타낸다. 즉 충돌이 일어날 때 충격을 가하는 시간이 길면 힘을 적게 받고, 짧은 시간 동안 충격을 받으면 큰 힘을 받게 된다. 예를 들어 차가 짚 더미와 충돌하면 차가 멈출 때까지 시간이 길어서 차에 가해지는 충격력이 작지만 콘크리트 벽과 충돌하면 금방 멈추므로 충격력이 커서 대단히 위험하다. 차에 장착된 에어백은 충돌 시 부풀어 오르면서 힘이 분배되는 시간을 길게 하여 승객이 튕겨 나오는 시간을 증가시킴으로써 충돌하는 힘을 최소화하여 충격을 줄인다.

계란이 떨어지는 경우에도 딱딱한 땅에 떨어질 때는 충격 때문에 계란이 깨진다. 그러나 두꺼운 스펀지 위에 떨어졌을 때 계란이 깨지지 않는 것은 충돌 시간이 길어 충격력이 작기 때문이다. 이불에 떨어진 유리컵은 깨지지 않으나 시멘트 바닥에 떨어진 유리컵은 깨지는 것도 마찬가지 이유이다. 또한 권투 시합을 할 때 맨손으로 하지 않고 권투 글러브를 착용하는 것도 충격력을 줄여 선수를 보호하기 위한 방법이다.

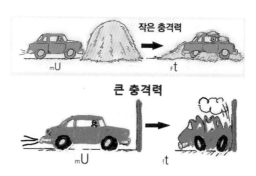

야구공의 안전한 캐치

날아오는 공을 잡으면 손에 충격이 느껴진다. 이때 공의 속도가 빠를수록, 그리고 무거운 공일수록 손이 받는 충격은 더 크다. 즉 운동하고 있는 물체가 충돌할 때 나타나는 효과는 물체의 속도와 질량의 곱으로 나타난다는 것을 알 수 있다. 이때 손을 다치지 않으려면 공중에서 공을 잡는 순간부터 손을 뒤로 천천히 잡아 빼면서 공을 정지시켜야 한다. 즉, 충돌이 일어나는 시간을 길게 하는 것이 충격력을 줄일 수 있는 방법이다.

짧은 충돌 시간　　긴 충돌 시간

착지 시간이 길수록 안전하다

높은 곳에서 뛰어내리거나 널뛰기를 할 때 무릎을 구부리면서 착지하면 충돌 시간을 길게 할 수 있으므로 다리에 받는 충격력의 양을 줄여 안전하게 널뛰기를 할 수 있다. 스카이다이빙이나 낙하산을 타고 착지할 때도 다리를 오므리면서 땅 위에 내린다. 이것은 착지할 때의 충돌

짧은 착지 시간

긴 착지 시간

시간을 길게 하여 충격을 줄이기 위해서이다. 만일 다리를 곧게 펴고 착지하면 발과 지면과의 충돌 시간이 짧아 관절에 무리한 힘이 주어질 수 있다. 높이뛰기를 할 때 쿠션이 있는 판이나 모래 위에 뛰어내리는 것도 착지 시간을 길게 하여 충격력을 줄이기 위한 것이다.

7. 원운동

직선운동은 일정한 방향으로 움직이므로 운동 방향의 가속도만 있지만, 원운동은 끊임없이 방향이 변화되므로 물체를 계속해서 중심으로 잡아당기는 구심가속도가 함께 있다. 이렇게 중심을 향해 당기는 힘을 구심력이라고 하며 물체의 운동 방향과 수직 방향의 가속도는 원의 중심을 향하므로 구심가속도라고 한다. 따라서 직선운동은 운동 방향의 가속도만 있지만, 원운동에서 구심가속도가 생기는 것은 서로 대칭되는 두 점의 운동 방향 속도가 서로 상쇄되므로, 운동 방향으로는 가속도

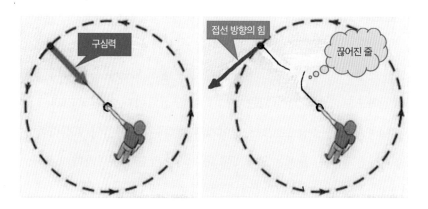

제2장 | 역학

가 없으나 수직 방향으로는 속도가 반대 방향이 되므로 가속도가 생기는 것이다. 이와 같이 물체의 운동과 수직 방향의 가속도가 구심가속도이다. 따라서 어떤 물체이든 원운동을 하면 원의 중심을 향하는 구심력을 받게 된다.

해머던지기 경기

해머던지기 경기에서 선수는 긴 와이어를 사용하여 무거운 물체를 돌린다. 선수가 철사를 잡아당기는 동안 구심력이 작용되어 물체는 원운동을 한다. 그러나 선수가 손을

놓는 순간, 구심력이 작용하지 않으므로 해머는 원운동을 하지 못하고 원과 접선 방향으로 직선운동을 한다.

원심력

회전하는 물체는 구심력에 대응하는 원심력을 나타내게 된다. 예를 들어 끈에 나무토막을 묶어서 돌릴 때 끈을 잡고 있는 손은 계속해서 줄을 안쪽으로 잡아당겨야 되는데 이 힘이 구심력이다. 한편 회전하고 있는 나무토막은 중심으로부터 멀어지려고 하는데 이 힘이 원심력이다. 즉 원운동을 하는 물체는 구심력에 대응하는 원심력을 나타내게 된다.

롤러코스터에서는 거꾸로 있어도 떨어지지 않는다

롤러코스터에서는 공중에 거꾸로 매달려 회전해도 떨어지지 않는다. 이것은 롤러코스터 내부에 있는 사람은 중력과 구심력의 합력에 해당하는 원심력을 반대 방향

으로 받기 때문이다. 여기서 원심력은 롤러코스터 내부에 있는 사람만이 느끼는 가상력이고, 롤러코스터 바깥에서 보고 있는 사람에게 관찰되는 것은 마찰을 무시하면 구심력과 중력뿐이다. 구심력은 카트를 회전 중심 방향으로 밀면서 트랙에서 바깥으로 떨어지지 않게 해 주고, 원심력은 카트를 루프의 바깥쪽으로 밀어서 땅으로 떨어지지 않게 해 준다. 롤러코스터의 속도가 크면 레일과 롤러코스터 사이에 상호 작용하는 힘이 커져서 롤러코스터는 레일에 단단히 달라붙어 떨어지지 않게 된다. 이와 반대로 속도가 느리면 레일은 상호 작용하는 힘을 더 적게 주어서 롤러코스터는 떨어질 수 있다.

미끄러운 길에서는 커브를 틀 수 없다

자동차가 커브를 돌 때는 바퀴와 땅의 마찰력이 구심력을 제공한다. 따라서 도로가 미끄러우면 자동차에 충분한 구심력을 제공할 수 없어 자동차는 커브를 틀지 못하고 미끄러진다. 비행기가 원을 그리며 곡예 비행을 할 때는 비행기 날개가 구심력을 준다.

적도에서는 가벼워진다

지구의 회전은 물체의 무게를 약간 감소시키는 원심력을 만들어낸다. 지구 축으로부터 가장 먼 적도에서 가장 큰 접선 속도를 가지므로 원심력은 적도에 있을 때가 최대가 되며 접선 속도가 0이 되는 양쪽 극에서 0이 된다. 따라서 중력은 극지방에서 가장 크고 적도 지방에서 가장 작다. 즉 적도에 가면 몸무게가 조금 줄어든다.

8. 관성능률

관성능률은 물체의 회전운동을 저항하는 성질이며 관성능률이 클수록 회전하기 어렵다. 관성능률은 무게의 분포에 따라 다르다. 긴 막대는 짧은 막대보다 회전축에서 무게 중심까지의 거리가 더 길기 때문에 관성능률이 더 크다. 막대기를 회전시킬 때 긴 막대기가 짧은 막대기보다 돌리기 더 어려운 이유는 긴 막대기는 관성능률이 더 크기 때문이다.

회전중심과 관성능률

관성능률은 회전중심에 따라 다르다. 막대기의 중앙을 회전축으로 하여 회전시키면 관성능률이 작아서 돌리기 쉬우나 막

대기 끝을 회전축으로 하면 관성능률이 커서 돌리기 어렵다.

파도타기에서 균형 잡기

관성능률은 회전 속도를 계
속해서 일정하게 유지하려는
성질이 있다. 파도타기에서 발
을 뻗으면 관성능률이 커지므
로 서핑 보드에서 균형을 잡는
데 대단히 유용하다.

외줄 타기

포랭은 〈팽팽한 밧줄을 타는 사람〉을 통해서 파리 시민들에게 인기
있는 일상생활의 여흥 장면을 묘사했다. 어둠 속에서 밧줄 타는 여인은
안정되게 몸의 균형을 잡기 위하여 무거운 막대를 들고 있다.

미술 | 포랭은 빛과 색에 대한
인상파 이론의 영향을
받아 경마장, 발레, 오페
라, 카페 등 파리의 대중
오락과 근대성을 주제
로 한 일상생활의 장면
을 수채화, 파스텔 및 유

At the Restaurant, 1890

Jean Louis Forain, Tight Rope Walker, about 1885

과학, 명화에 숨다

화 등으로 묘사했다. 그는 또한 19세기 후반과 20세기 초반의 프랑스 생활에 대한 사회적 풍자 캐리커처와 파리의 여러 기관들을 주제로 하여 수많은 장면을 작품으로 만들어 당시의 가장 유명한 캐리커처 작가이자 삽화가로 명성을 날렸다. 〈식당에서〉는 그의 삽화이다.

물리 | 무거운 막대를 들면 몸의 균형을 잡기 쉽다

밧줄 위에서 균형을 잡는 것은 대단히 어렵다. 왜냐하면 발을 축으로 하여 몸이 회전하려고 하기 때문이다. 그런데 외줄 타기 하는 사람은

무거운 쇠막대를 들고 밧줄을 탄다. 얼핏 보기에 쇠막대를 들고 서 있는 것은 맨손으로 있는 것보다 더 힘들어 보이지만 사실은 무거운 막대를 들고 있으면 몸이 쉽게 돌지 않아 균형을 찾게 되므로 곡예사가 밧줄 위를 걷기가 더 쉽다. 쇠막대를 들고 외줄을 타는 것이 맨손으로 타는 것보다 더 균형을 잡기 쉽다.

자는 아이가 더 무겁다

카사트는 여인과 어린이를 묘사할 때 따뜻한 색상과 차가운 색상을 혼합한 파스텔 기법을 개발했다. 〈졸리는 니콜〉에서는 청록색 피부 톤

제2장 | 역학

Mary Cassatt,Sleepy Nicolle, About 1900

을 사용하여 아이가 겁을 먹고 있는 듯한 느낌을 갖게 했다. 또한 인물에 그림자를 만들기 위하여 차가운 톤을 사용했으며 입체감을 주기 위하여 복숭아색과 분홍색을 혼합했다.

물리 | 잠자는 아이가 더 무겁다

잠자는 아이는 머리가 업어 주는 사람의 등에서 멀리 떨어지므로 등에 딱 붙어서 업혀 있는 아이보다 관성능률이 더 크다.

그래서 잠자는 아이를 업고 있는 사람은 아이의 무게를 들어 올리는 힘뿐 아니라 회전력까지 필요하므로 업고 있기가 더 힘들다. 그래서 잠자는 아이가 더 무겁게 느껴진다.

아이 안아 주기

카사트는 여성들의 사회적이고 개인적인 일상생활을 담담하게 표현하고 특히 어머니와 아이의 친밀한 유대감을 주제로 한 작품 활동을 많이 했다. 〈어머니의 굿나이트 키스〉는 잠자기 전

Mary Cassatt, Mother's Goodnight Kiss, 1888

에 짧은 스킨십을 통해서 모녀간의 사랑을 진솔하게 표현하고 있다.

물리 | 아이가 엄마의 품에서 떨어져 있으면 안고 있기 힘들다.

9. 각운동량

원운동에서 관성능률과 회전 속도를 곱한 물리량을 각운동량이라고 하며 외부에서 회전력이 가해지지 않으면 각운동량이 보존된다. 따라서 관성능률이 커지면 회전 속도가 작아지고 관성능률이 작아지면 회전 속도가 커진다.

각운동량 보존법칙

회전하는 물체는 외부에서 힘이 작용되지 않으면 항상 일정한 각운동량을 유지한다. 자전거가 달리고 있을 때는 정지해 있을 때보다 평형을 잡기가 쉬운 것은 팽이가 회전하고 있을 때 잘 쓰러지지 않는 원리와 같다. 팽이와 같이 회전축을 갖고 도는 물체는 그 축과 같은 방향의 운동량을 갖고 있다. 이런 물리량은 회전 방향을 바꿀 수 있는 종류의 힘이 작용하지 않으면 보존된다. 회전하고 있는 팽이에 작용하는 힘은 수직 방향의 중력으로 회전 방향을 바꿀 수 있는 힘이 아니다. 따라서 회전축을 바꾸지 않으려는 관성을 갖게 된다. 이를 각운동량 보존법칙이라고 한다. 팽이를 돌리면 팽이가 수직으로 서 있고 프리스비를 던지면 수평 방향을 유지하면서 날아가는 것은 모두 회전하는 물체의 각운동량이 보존되기 때문이다.

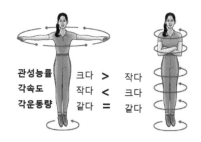

관성능률	크다	>	작다
각속도	작다	<	크다
각운동량	같다	=	같다

굴렁쇠를 굴리는 어린이

모네의 〈아르장퇴유에 있는 화가의 집〉은 모네가 파리 외곽에 있는 아르장퇴유에서 살 때 그의 대여섯 살 난 아들이 굴렁쇠를 가지고 놀고 있는 모습을 아내가 덩굴로 덮인 집 문 앞에 서서 바라보고 있는 모습을 묘사하고 있다. 그림에 표현된 화창한 날씨와 잘 정돈된 정원은 평온하고 안정된 삶을 느끼게 한다.

Claude Monet, The Artist's House at Argenteuil, 1873

물리 | 어린이가 굴리고 있는 굴렁쇠가 넘어지지 않는 것은 각운동량이 보존되기 때문이다.

167

미술 | 모네는 프랑스의 인상주의 회화 창시자 중 한 명으로서 자연을 자신이 인식한 대로 그리려고 시도했다. 그는 빛의 변화와 계절의 변화를 포착하기 위해 같은 장면을 여러 번 그렸다. 가장 잘 알려진 작품으로는 〈건초더미〉 연작, 〈루앙 대성당〉 그림, 지베르니 정원의 〈수련〉 그림 등이 있다. 아래 그림은 〈건초더미〉의 연작이다.

A Haystack in the Evening Sun, 1892

Stack of Wheat (Snow Effect, Overcast Day), 1890~1891

달리는 자전거는 쓰러지지 않는다

진행하고 있는 자전거 바퀴의 회전축은 일정한 방향을 유지하려는 성질을 갖고 있기 때문에 무게 중심이 조금 변하더라도 달리는 자전거는 쓰러지지 않는다. 만일 자전거 타는 사람이 왼쪽으로 기울어지면 자전거 바

바퀴가 돌면
안 쓰러져

퀴를 반시계 방향으로 돌
게 만드는 회전력이 만들
어져서 자전거는 왼쪽으
로 돌려고 한다. 이때 핸
들을 왼쪽으로 돌리면 자

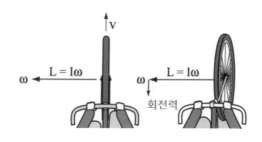

전거는 원형을 그리며 원심력이 만들어져서 다시 똑바로 설 수 있게 된
다. 원심력은 회전 반지름에 반비례하고 회전하는 속도의 제곱에 비례
하므로 자전거를 천천히 타면 자전거가 비틀거리고 빨리 타면 자전거
가 흔들리지 않고 안정되게 나간다.

도는 팽이는 쓰러지지 않는다

돌고 있는 팽이는 자유롭게 움직이며 일정한 방향을 유지하려는 경
향이 있다. 팽이가 회전하고 있을 때 살짝 건드리면 팽이는 쓰러지지 않
고 세차운동을 하며 원래 회전하던 축을 유지한다. 팽이가 기울어져서
회전면이 세차운동을 하면 팽이는 작은 원을 그리다가 다시 빠르게 돌
면 똑바로 서게 된다. 이와 같이 회전하고 있는 팽이는 회전축을 바꾸지
않으려는 관성을 갖게 된다. 이를 각운동량 보존법칙이라고 한다.

팽이와 같이 회전축을 갖고 도
는 물체는 그 축과 같은 방향의
운동량을 갖고 있다. 이런 물리량
은 회전 방향을 바꾸는 힘이 작용
하지 않으면 보존된다. 도는 팽이

는 일정한 방향을 유지하며 각운동량 보존을 나타낸다. 각운동량의 방향은 오른손의 손가락이 회전 방향을 향할 때 엄지손가락이 가리키는 방향이다. 따라서 각운동량이 수직으로 향하기 때문에 도는 팽이는 똑바로 서 있다.

프리스비는 수평으로 난다

회전시키지 않으며 던진 프리스비는 다른 물체들과 마찬가지로 일정 거리를 공중에서 진행하다가 땅에 떨어진다. 그러나 프리스비를 회전시키면서 던지면 각운동량이 보존되기 때문에 프리스비는 수평을 유지하면서 난다.

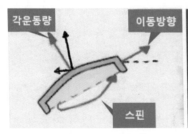 

날계란은 서서 회전할 수 없다

날계란과 삶은 계란은 회전시켜봄으로써 구별할 수 있다. 삶은 계란은 세워서 회전시켰을 때 팽이와 같이 잘 회전하고 날계란은 회전이 잘 안된다. 날계란이 서서 회전하지 못하는 것은 무슨 이유일까? 날계란은 내부가 반유동적인 액체 상태로 되어 있어서 회전을 시키면 그 회전력이 액체 내부에 일시에 전달되지 않고 점진적으로 전해진다. 먼저 껍질이 회전하면서 중간층인 흰자를 돌려주고 그 회전력을 가운데 있는 노른자에 전달하게 된다. 이와 같이 날계란은 껍질이 회전하는 속도와 내부의 흰자, 노른자가 회전하는 속도가 각각 다르게 된다. 이렇게 회전력이 계란 내부에 골고루 전달되지 않으므로 회전을 방해하게 된다. 물체가 회전하게 되면 그 회전 중심에서 멀어지려고 하는 원심력이 작용하게 된다. 회전하는 물체가 고체인 삶은 계란은 회전관성이 일정하여 선 채로 회전하지만 반유동적인 액체인 날계란은 회전 시 더 넓은 회전반경을 갖는 쪽으로 액체가 쏠리게 되어 회전관성이 커지므로 속도가 줄어들어 선 채로 회전할 수 없다.

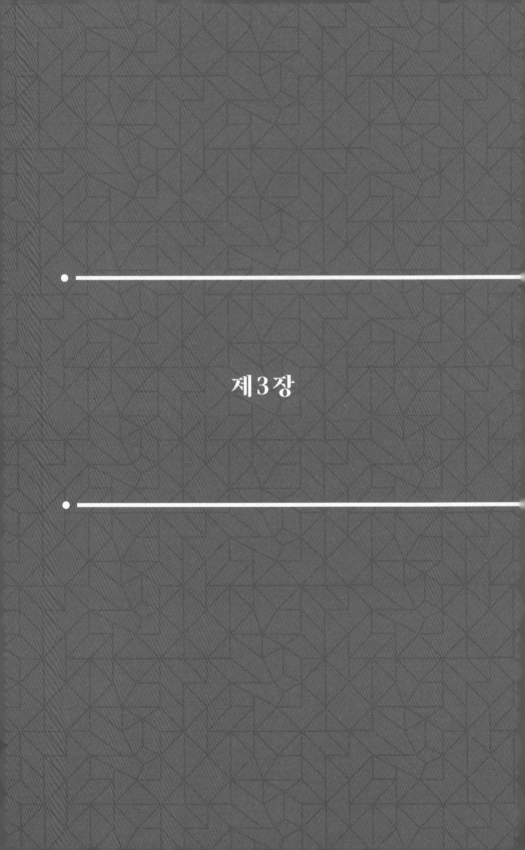

제 3 장

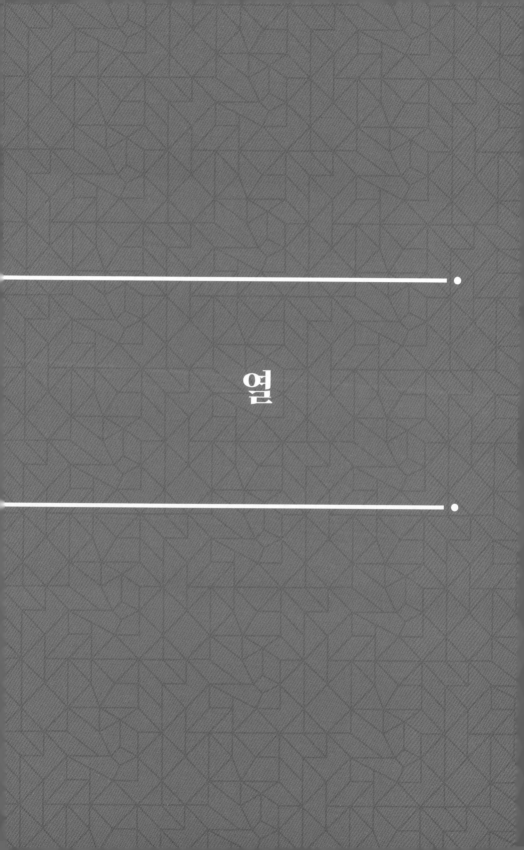

열

Johann Carl Loth, Old Peasant Lighting a Pipe, 1655/1660

요한 칼 로트의 〈담뱃대에 불을 붙이는 농부〉는 북유럽과 이탈리아 음식 재료를 결합하여 만든 간단한 식사를 마친 후 휴식을 취하고 있는 농부를 묘사하고 있다. 이 작품은 1659년에 베니스에서 사망한 렘브란트의 수제자 윌렘 드로스트 및 그와 함께 베니스에서 작품 활동을 한 요한 칼 로트에 의해 만들어졌다. 그림에는 로트의 초기 작품에 나타나는 특징인 일정한 패턴을 가진 거친 붓질과 함께 깊은 그림자와 밝은 색을 사용하여 명암을 대비시킨 스타일이 두드러지게 나타나 있다.

미술 | 요한 칼 로트는 베니스에
서 활동한 독일의 바로크
미술 거장이다. 그는 주로
역사화를 그렸으며 작품
의 주제는 전형적인 고전
신화나 구약성경을 근거
로 했다. 〈아폴로와 마르

Apollo and Marsyas, ca 1684/1685

시아스〉는 그리스 신화를 토대로 하여 만든 작품이다.

물리 | 대포 가공을 하다가 손을 덴 백작

럼퍼드 백작은 1780년대에 바이에른 공화국의 국방장관을 지내면서 놋쇠를 깎아 대포를 만드는 일을 감독한 일이 있었다. 그는 놋쇠를 깎아 만들던 포신에 우연히 손을 댔다가 뜨거워서 깜짝 놀랐다. 전혀 열을 가하지 않았는데도 손을 델 정도로 뜨거워졌기 때문이었다. 그는 놋쇠를 깎을 때 열이 많이 발생하는 것을 보고, '열의 본성은 놋쇠를 깎는 운동과 관련이 있을 것'이라고 생각했다. 그때까지는 열이란 '열소'라는 물질에 의해서 발생된다고 생각하고 있었기 때문에 당시의 과학자들에게는 열도 에너지의 일종이라는 사실이 받아들여지지 못하고 있다가 50여 년이 지난 뒤에야 사실로 받아들여졌다.

1. 열

물체는 열을 공급받으면 온도가 올라가고 열을 빼앗기면 온도가 내려간다. 열은 높은 온도에서 낮은 온도로 이동하는 에너지이다.

불의 신

골치우스의 작품 〈발칸〉은 망치를 어깨에 걸치고 헬멧을 팔에 끼고 있는 대장장이 발칸과 그의 조수 사이클롭스를 묘사하고 있다. 대장간 일을 하려면 불로 재료를 빨갛게 달군 후에 망치질을 하여 원하는 형태로 만들어야 하므로 대장장이에게 불은 없어서는 안 될 정도로 중요하

Hendrick Goltzius, Vulcan, 1615

다. 신화에 의하면 발칸은 로마의 '불의 신'이었다.

미술 | 골치우스는 초기 바로크 시대의 선도적인 네덜란드 조각가이자
화가였으며 그의 작품은 정교하면
서도 풍부한 표현으로 찬사를 받
고 있다. 그는 마름모꼴 중앙에 점
을 배치하여 색조 음영을 더욱 정
교하게 만드는 '점 및 마름모꼴' 기
법의 선구자였다. 〈Dying Adonis〉
는 골치우스의 대표적인 마름모꼴
작품이다.

Dying Adonis, 1609

열역학 법칙

물질이 타면 열이 발생하며 온도가 높아지고, 열을 제거하면 온도가
내려간다. 마찰이 일어나도 열이 일어난다. 마찰이나 압축, 팽창 등은
일에 해당하는 개념이므로 열도 일과 마찬가지의 에너지 개념으로 취
급할 수 있다.

열을 에너지로 간주하면 역학에서와 마찬가지로 열에너지 보존법칙
을 생각할 수 있으며 이를 열역학 제1법칙이라고 한다. 즉 고립된 시스
템 내에서 열에너지는 항상 일정하다. 또한 열은 항상 높은 온도에서 낮
은 온도 쪽으로 이동하며 그 반대 방향으로는 이동할 수 없는 것을 열역
학 제2법칙이라고 한다.

커피 한 잔의 열량

마티스의 〈커피와 함께 있는 로레트〉는 머리맡에 커피를 놓아둔 채로 누워 있는 한 여인을 묘사하고 있다. 커피잔에는 커피가 가득 따라져 있으며 티스푼과 함께 놓여 있다. 아마도 사랑하는 사람이 아침에 잠을 깨우는 모닝커피를 만들어 여인의 머리맡에 놓은 것 같다. 이 작품의 주요 오브제는 커피, 커피잔과 함께 로레트이며 작품 속 인물 로레트는 마티스가 즐겨 그린 그림 모델 중 한 명이다. 이 작품은 굵은 선으로 화면을 처리하여 관중에게 후련한 느낌을 준다.

미술 | 마티스는 폭발적인 색채를 거침없이 휘둘러 마치 포악한 짐승 같다는 의미를 지닌 야수파의 창시자이다. 그는 인물을 사실적으

Henri Matisse, Lorette with Cup of Coffee, 1916/1917

과학, 명화에 숨다

로 묘사하기보다 이목구비
를 생략하고 단순하게 표현
하여 입체감은 사라지고 평
면적인 느낌을 강하게 하는
한편 강렬한 색채를 사용했
다. 말년에는 관절염으로 붓

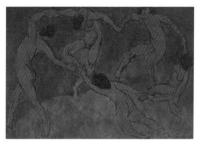

La Dance, 1909

을 들 수 없게 되자 색종이를 가위로 오려서 붙이는 콜라주 작업
에 몰두했다. 그의 대표작 중 〈댄스〉는 단순화된 녹색 바탕과 깊
고 푸른 하늘을 배경으로 강렬한 빨간색으로 칠해진 다섯 명의 무
희들이 춤을 추는 장면인데 정서적 해방과 쾌락의 느낌을 전달한
다는 평을 받고 있다.

물리 | **커피 한 잔의 열량이 하는 일**

물을 데우려면 열을 가해야 한다. 따끈한 커피 한 잔을 만드는 데
사용하는 열량은 아주 적을 것처럼 생각되지만 실제로는 엘리베
이터를 타고 남산 타워를 올라가는 것보다 더 많은 에너지가 소모
된다. 이와 같이 물질을 가열하는 데 필요한 열에너지는 무거운 물
체를 들어 올리는 데 사용되는 기계적 에너지 못지않게 많은 에너
지를 필요로 한다.

미술 | 야수파는 20세기 초반의 모더니즘 예술에서 나타난 미술사조로써
강한 붓질과 과감한 원색 사용을 선호했으며 그림의 대상을 고도

로 간략화하고 추상화했다. 또한 눈에 보이는 색채가 아닌 마음에 느껴지는 색채를 밝고 거침없이 표현했다. 대표적인 화가로는 마티스, 드레인, 브라크, 동겐 등이 있다.

물리 | 열의 일당량

열은 기계적 일로 변환될 수 있으며 이와 반대로 일은 열로 변환될 수 있다. 줄^{Joule}은 중력으로 인해 추가 떨어지면서 열량계 속의 날개를 회전시키며 날개의 회전하는 정도에 따라 물의 온도가 올라가는 것을 측정하는 실험을 통해서 열과 일 사이의

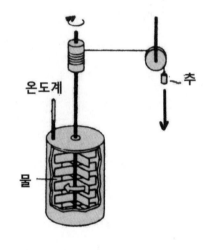

온도계

추

물

수량적 관계를 규명했다. 실험 결과 4.2J의 일은 1cal의 열량에 해당됨을 알 수 있었으며 이를 열의 일당량이라고 한다. 즉 열의 일당량은 4.2J/cal이다.

2. 온도

우리는 일반적으로 섭씨나 화씨를 온도 단위로 사용하고 있으며 이들 온도는 각각 서로 다른 온도 표준을 사용한다. 섭씨와 화씨의 온도에서 0°와 100°는 일상생활에서 각각 특별한 의미를 가지고 있다. 과학 분야에서는 섭씨온도와 아울러 절대온도를 사용하는데 절대온도 100°는 특별한 의미가 없는 온도이지만 절대온도 0°는 과학적으로 특별한 의미를 가지고 있는 온도이다.

섭씨온도

섭씨온도는 물을 온도 스케일의 기본 물질로 사용한다. 이러한 온도 표준에서 0°는 물이 어는 온도이고 100°는 물이 끓는 온도이다.

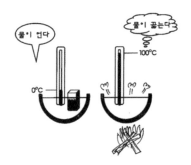

섭씨 0°에서 물이 언다

〈얼음에 둘러싸인 풍경〉은 메트캐프가 10년 이상을 겨울마다 뉴햄프셔 콘월 지방을 방문하며 그린 겨울철 황야의 한 장면이다. 이 작품은 풍부한 적갈색 색조의 흙냄새가 풍기는 팔레트를 채택했으며 시냇물의 조망을 가로 방향으로 제한함으로써 흘러내리는 시내의 둑 아래에 있는 얼음에 덮인 맑은 물을 관객이 자연스럽게 바라보도록 했다.

Willard LeRoy Metcalf, Icebound, 1909

미술 | 메트캐프는 미국의 인상주의 풍경화가이다. 그의 대표작인 〈오월의 밤〉은 달빛을 받은 어둠 속의 건물을 낭만적으로 묘사하고 있다. 달빛에 보이는 이오니아 기둥이 있는 주택의 앞에는 커다란 나무 그림자가 잔디밭에 드리워져 있으며 집 안에서 나오는 희미한 불빛은 따뜻한 분위기를 자아낸다. 또한 건물을 향하여 걸어들어가는 여성과 현관에 앉아 있는 여성이 입은 긴 창백한 드레스는 우아한 고요함의 느낌을 고조시킨다.

May Night, 1906

화씨온도

화씨온도는 날씨를 온도 스케일의 표준으로 사용한다. 이러한 온도 표준에서 0°는 가장 추운 날씨, 100°는 가장 더운 날씨로 상정했으나 실제 기온은 이보다 범위가 넓다. 따라서 화씨온도

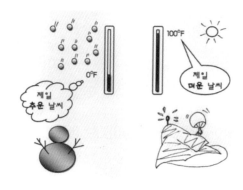

에서는 0°에 가까우면 대단히 춥고 100°에 가까우면 대단히 더운 날씨임을 실감할 수 있다.

화씨 0°는 가장 추운 날씨

터너는 〈아오스타 계곡: 눈보라, 눈사태, 폭풍우〉를 화면 가득 장엄한 터치로 표현했다. 이에 비해 사람들과 가축은 화면의 한 모서리에 모여서 공포에 떨고 있음을 묘사함으로써 자연의 웅대함을 강조했다.

Joseph Mallord William Turner, Valley of Aosta: Snowstorm, Avalanche, and Thunderstorm, 1836/1837

미술 | 화씨 0°는 섭씨 -17.8°로 대단히 추운 날씨이다.

화씨 100°는 축 늘어지는 여름 더위

　조락은 미국의 조각가이며 입체주의 화가이다. 〈여름〉은 자연의 기본적인 형태와 색깔의 원기왕성하고 풍부한 사용에 대한 그의 사랑을 보여준다. 전원에서 축 늘어져 있는 네 명의 누드는 예술적인 화려한 비주얼을 보여주고, 추상화된 패턴을 이룬 표면에 비자연적인 색채를 가하여 보는 이들의 관심을 끈다.

William Zorach, Summer, 1913

물리 | 화씨 100°는 섭씨 37.8°로 아주 더운 날씨이다.

절대온도

과학에서는 절대온도 스케일이 사용된다. 절대온도는 온도에 따른 기체의 팽창을 사용한다. 이 스케일에서 0°는 기체 분자가 분자운동을 하지 않는 것을 뜻한다. 절대온도 스케일은

기체의 평균 분자 직선 운동에너지를 사용하므로 절대온도가 두 배가 되면 평균 분자 운동에너지도 두 배가 된다. 이러한 비례 관계는 섭씨 및 화씨온도에서는 적용되지 않는다. 예를 들어 절대온도가 10도에서 20도가 되면 평균 분자 운동에너지가 두 배가 되지만, 섭씨온도 10℃에서 20℃가 되거나 화씨온도 10℉에서 20℉가 되는 것은 평균 분자 운동에너지가 두 배가 되는 것이 아니다. 왜냐하면 섭씨나 화씨온도 스케일은 분자의 운동에너지에 기초하지 않기 때문이다.

체감온도

우리가 느끼는 온도는 실제 온도가 아니다. 인체 가까이에 있는 공기는 체온에 의해서 따뜻해진 후 '공기 외투'의 형태로 몸 주변에 머물러 있다. 이러한 공기의 단열쿠션은 사람들을 따뜻하게 해 준다. 바람이 불면 공기쿠션이 날아가 버려서 인체는 실제 온도에

노출되어 더 춥게 느껴진다. 즉 바람이 불면 체감온도가 내려가 더 춥게 느껴진다.

찬 바람이 불면 더 춥다

프란시스코 고야의 〈겨울 풍경〉은 매서운 찬 바람이 부는 겨울 추위를 사실적으로 표현했다. 추위를 피하기 위해 여러 명의 사람들이 천을 함께 뒤집어 쓰고 있는 장면이 이색적이다.

미술 | 고야는 18세기 후반과 19세기 초반의 스페인 낭만주의 화가로 궁정에서 일했으며 그의 그림은 동시대의 역사적 격변을 반영하고 있다. 그의 작품은 피카소, 달리 등에게 영향을 미쳤으며 옛 거장들의 마지막이자 근대의 첫 거장으로 불린다. 〈양을 탄 소년〉은 낭만주의 작품이다.

Francisco Jose de Goya y Lucientes, Winter Scene, about 1786

물리 | 우리가 피부로 느끼는 온도는 온도계로 측정한 기온이 아니라 체감온도이다.

Boy on a Ram, 1786/1787

온도계

최초의 온도계는 부력을 이용한 것으로써 1593년에 갈릴레오에 의해서 발명되었으나 정밀하지는 않았다. 오늘날과 같이 정밀한 온도 측정에는 온도에 따른 기체 및 액체의 부피 변화, 고체의 길이 변화, 반도체의 저항, 열방사 등에 따라 사용된다. 특히 가정에서 많이 사용되는 온도계는 액체의 부피 변화를 이용하여 측정하는 것으로써 1641년에 알코올온도계, 1764년에 수은온도계가 발명되었다.

추우면 입술이 파래진다

입술 색깔만 보아도 어느 정도 온도를 알 수 있다. 날씨가 추워서 벌벌 떨고 있을 때는 입술이 파래진다. 입술은 각질화 정도가 약하기 때문에 평상시에는 혈관의 혈액이 비쳐 보이므로 붉게 보인다. 그런데 찬 공기에 피부가 노출되면 신체는 체열이 밖으로 달아나는 것을 막기 위해 피부에 있는 혈관을 수축하여 달아나는 열을 줄인다. 혈관이 수축하면 입술의 혈관을 흐르는 혈액의 흐름이 느려져서 산소와 결합하여 붉게 보이던 동맥피의 붉은빛은 엷어지게 되고 반대로 이산화탄소와 결합하여 푸른색을 보이는 정맥피의 색이 부각되어 결과적으로 입술이 새파랗게 보인다.

온도와 생태계

생명체를 구성하는 각각의 기관은 일정한 온도를 유지하고 있으며 외부에서 침입하는 세력을 방어하기 위하여 체온을 변화시키기도 한다. 예를 들어 박테리아나 바이러스에 감염되면 인체는 세균들이 감당할 수 없을 정도로 체온을 높인다. 또한 뱀이나 곰은 식량이 부족한 겨울철에 스스로 체온을 낮추고 맥박을 늦추어서 동면을 하며 외부로 열이 방출되는 것을 줄인다. 그러다가 봄이 되면 겨울잠을 자던 동물들이 다시 활동하며 개구리와 도롱뇽도 알에서 부화한다. 숲에서는 새들이 알에서 부화하고, 날씨가 더 따뜻해지면 해안가 모래벌판에서는 악어도 알에서 깨어난다.

악어의 성별은 온도에 따라 결정된다

악어는 알이 부화할 때 주변의 온도에 따라 암컷과 수컷이 결정된다. 온도가 비교적 낮은 30°C에서는 암컷이 부화되고 따뜻한 34°C에서는 수컷이 부화된다. 그리고 이 두 온도의 중간에서는 암컷과 수컷이 골고루 부화된다. 이는 온도에 따라 성별을 결정짓는 TRPV4라는 단백질이

부화되는 악어의 알에 들어 있기 때
문이다. 거북이도 온도에 따라 성별
이 결정된다. 그러므로 악어와 거북
이는 기온이 너무 높거나 낮으면 암
컷이나 수컷 중 한 가지만 태어나게

되어 종족 유지에 문제가 생기게 된다. 이와 같이 온도는 생물의 생존에
절대적인 영향을 미친다.

알에서 부화하는 생물들

브리지스는 〈새 둥지와 양치류〉에서
덤불에 만들어진 새 둥지와 그 안에 놓인
새알들을 사실적으로 표현하고 있다. 그
림을 보고 있으면 동틀 녘에 개똥지빠귀
의 지저귐이 들려오는 듯하다.

November, 1875

미술 | 브리지스는 책과 잡지에 실린 섬세
한 자연 그림으로 유명하다. 특히

그녀는 꽃과 새를 주제로 한 그림을 많이 그렸다. 〈November〉는
초겨울의 앙상한 나뭇가지에 새들이 날아드는 풍경을 사실적으
로 그린 것이다.

물리 | 새들은 알을 동시에 부화시키기 위해서 마지막 알을 낳고부터 알

Fidelia Bridges, Bird's Nest and Ferns, 1863

을 품기 시작하는데 어미 새는 새끼가 부화할 때까지 온도를 34℃ 정도로 유지하면서 2~3주 동안 알을 품는다.

3. 물과 얼음

물 분자는 수소-산소-수소-산소-수소 형태의 안정된 수소 결합이 강하게 연결되어 있으며, 온도가 0℃로 내려가면 물 분자들은 결정체 형태로 정렬하여 육면체 구조의 얼음을 만들어 부피가 증가한다. 이와 반대로 얼음이 녹을 때는 수소 결합의 일부는 파괴되어 물 분자들 사이의 공간이 감소해 물 분자들은 서로 더 가까이 놓이게 되므로 액체 상태의 물이 고체 상태의 얼음보다 부피가 더 작아진다.

물은 표면에서부터 언다

벨로스의 〈팰리세이즈 주간 공원〉은 큰 나무에 둘러싸인 허드슨강둑을 따라 길게 펼쳐지는 절벽의 풍경과 함께 수정같이 맑은 빛과 건조하고 차가운 겨울 날씨를 사실적으로 묘사하고 있다. 배

George Wesley Bellows, The Palisades, 1909

경에는 어두운 뉴저지주의 울타리가 밝은 하늘, 물, 눈과 대조를 이루고 있다. 또한 이 작품에서는 오렌지색과 파란색처럼 배색을 나란히 놓아 색깔의 대비를 강하게 나타냈다.

물리 | 물은 위에서부터 언다

얼음이 표면에서부터 어는 것은 물의 특성 때문이다. 물은 100℃에서 4℃까지 냉각될 때는 부피가 줄어들다가 4℃에서 0℃까지는 부피가 팽창한다. 그리고 0℃에서 얼음이 된다. 물이 얼면 물 분자는 육각형의 결정을 이루는데, 이 과정에서 더 많은 공간을 차지하며 부피는 약 9% 증가한다. 따라서 얼음의 밀도는 물보다 오히려 작아 얼음이 호수의 표면에 생긴다.

미술 | 벨로스는 미국의 사실주의

Stag at Sharkey's, 1909

화가로써 20세기 초반의 뉴욕을 중심으로 현대 도시 생활을 대담하게 표현했다. 그는 뉴욕시의 노동자 계급을 표현적인 스타일로 묘사하는 것을 주요 주제로 삼았다. 〈Stag at Sharkey's〉는 링 위에서 진행되고 있는 권투 경기를 강력하게 묘사하고 있어 생동감을 준다.

물의 냉각 특성

물을 냉각시키면 4°C까지는 부피
가 줄어들다가 4°C에서 0°C까지는
다시 팽창한다. 그리고 0°C에서 물
이 얼면 물 분자는 육각형의 결정을
이루면서 더 많은 공간이 필요하므
로 부피가 갑자기 늘어난다. 이러한
팽창 특성 때문에 물은 4°C일 때 비

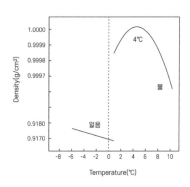

중이 가장 크므로 아래로 가라앉고 온도 0°C인 표면에서 얼음이 언다.

얼음낚시는 물이 위에서부터 얼기 때문에 할 수 있다

추운 겨울에도 얼음 아래에는 물고기가 살고 있다. 이것은 얼음이 호
수의 바닥에서부터 어는 것이 아니라 표면에서부터 얼기 때문이다. 온
도가 0°C 이하로 내려가면 호수는 표면부터 얼기 시작하며 날씨가 추워
질수록 얼음은 수면의 아래쪽으로 점차 두꺼워진다. 그리고 밀도가 높

은 영상 4°C의 물이 가라앉
아 바닥을 채운다. 또한, 표
면의 얼음은 단열 기능까지
하므로 기온이 영하로 내려
가도 얼음 아래에 있는 물은
얼지 않는다.

물의 어는점

물은 1기압에서는 0°C에서 얼지만 압력이 가해지면 어는점은 낮아진다. 예를 들어 압력이 600기압으로 높을 때는 0°C보다 훨씬 낮은 -5°C 에서 언다.

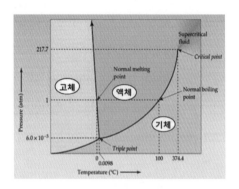

얼음을 통과하는 실

추를 매단 실을 얼음에 얹으면 실이 얼음을 통과한다. 이것은 추의 무게 때문에 얼음이 0°C 이하에서 녹아 얼음이 두 개로 잘리고, 실이 통과한 후에는 녹았던 얼음이 0°C에서 다시 얼어붙기 때문에 실이 얼음을 통과한 것처럼 보인다.

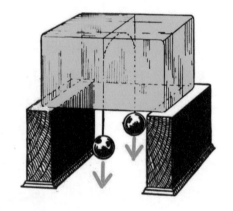

미끄러운 빙판에서 스케이트를 타는 사람들

벨로스는 1914년 2월에 뉴욕에 불어닥친 역대급 눈보라에 영감을 받아서 〈겨울 사랑〉을 그렸다. 그는 밝은 빨간색과 노란색, 초록색을 사용하여 겨울 풍경을 강하게 표현했으며 후려치는 듯한 붓질을 통하여 사

람들의 빠른 움직임과 거
센 바람을 표현했다. 힘
이 넘치는 듯이 활기 있
게 스케이트를 타는 사
람들과 구경꾼들의 무리
는 다양한 나이와 사회계
층으로 구성되어 있으며
20세기 초에 여가 활동을

George Wesley Bellows, Love of Winter, 1914

즐기는 뉴욕 시민들의 생활의 한 단면을 보여주고 있다.

물리 | 얼음은 왜 미끄러운가?

스케이트장은 온도를
0°C 이하로 관리한다.
그러나 영하의 온도에
도 불구하고 스케이트
를 한참 타고 난 후에는
얼음이 녹아 스케이트

장에 물이 많이 덮여 있는 것을 볼
수 있다. 이는 압력이 가해지면 얼
음은 영하의 온도에서 녹기 때문
이다.

　우리가 얼음 위에서 스케이트를 탈 수 있는 것은 몸무게로 인한 압력 때문에 영하의 온도에서 얼음 표면이 녹아 얼음 위에 수막이 형성되기 때문이다. 이러한 수막 때문에 얼음이 윤활유 역할을 하여 스케이트 날이 잘 미끄러진다.

4. 물의 비열

비열은 단위 질량의 물질을 1°C 높이는 데 필요한 열량이다. 물은 비열이 가장 큰 물질이며 비열이 1이다. 얼음은 비열이 0.5이고 금속은 0.1 내외로 물보다 훨씬 작다. 물은 비열이 크기 때문에 온도가 쉽게 변화하지 않는다. 우리 몸의 약 60~70%는 물로 구성되어 있어 온도의 변화에도 안정되게 지낼 수 있으며 추위나 더위를 얼마 동안은 견딜 수 있다.

물은 비열이 크기 때문에 극단적인 환경을 조절하는 데 큰 역할을 한다. 예를 들어 연못 속에 있는 물고기는 물의 비열이 크기 때문에 낮부터 밤까지 물의 온도가 거의 일정하므로 일정한 온도를 즐길 수 있다. 물은 더운 공기에서 열을 흡수하고 찬 공기에서 저장했던 열을 방출하므로 호수와 바다는 온도를 조절하는 데 도움을 준다. 해변가의 도시들은 내륙 지방보다 가열하거나 냉각하는 데 시간이 걸리므로 온도 변화가 적다. 바다는 태양으로부터 나오는 막대한 양의 열을 흡수하여 저장하고 있다가 추운 밤에 열기를 방출하여 공기를 따뜻하게 해 준다. 계절이 바뀔 때 온도가 갑자기 변하지 않고 서서히 변하는 것도 물의 비열이 크기 때문이다. 또한 물은 비율이 크므로 일상생활에서 냉각제로 많이 사용된다. 이것이 산업 분야나 자동차 라디에이터 등에서 물이 냉각제로 사용되는 이유이다.

겨울 수영을 즐기는 사람들

매년 겨울마다 차가운 바다에서 수영대회가 열린다. 우리의 몸은 60~70%가 물로 구성되어 있으며 인체 내에 있는 물은 온도를 안정화시키는 데 도움을 준다. 따라서 우리의

신체는 일정한 시간 동안 추위를 견딜 수 있어 차가운 물에서 수영할 수 있다.

냉동실에서 하는 체력 훈련

우리의 몸은 극도로 찬 곳에 있으면 뇌에서 위험한 상황이라고 인식하여 인체에 열을 증가시키도록 신호를 보내는데, 이를 이용한 치료법이 냉동요법이다. 냉동요법은 아주 차가운 질소 기체로 채운 냉동 체임버 안에서 몸을 차갑게 만든다. 운동선수들은 운동효과를 높이기 위해서 냉동요법을 사용하기도 하고 혈액순환 강화, 면역력 증가, 통증 감소뿐 아니라 근육의 피로를 풀어주는 데도 이용된다. 이러한 냉동요법은 우리의 신체가 비열이 큰 물로 주로 구성되어 있기 때문에 가능하다.

곤충과 파충류는 추운 계절을 견딜 수 없다

파충류는 무혈동물이므로 주변의 온도에 대단히 민감하다. 그러므로 추운 날에는 뱀이 따뜻한 경운기 모터나 바위 위에 몸을 또아리고 있는 모습을 볼 수 있다. 겨울동안 뱀들이 구멍에 들어가서 동면을 하는 것은 추운 온도를 견딜 수 없기 때문이다.

온도 스트레스

비열이 큰 물질은 온도변화가 아주 서서히 일어나므로 잘 뜨거워지지도 않고 잘 식지도 않는다. 대표적인 물질이 바로 물이다. 이를 통해 최소한 물속에서 살아가는 물고기들에게 온도가 오르락내리락하는 데 따른 고통과 스트레스를 가장 적게 받도록 물은 배려를 하고 있는 셈이다.

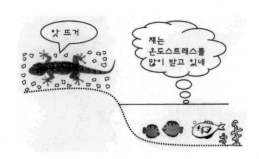

바람

바람이 불려면 기압 차가 필요하다. 기압 차가 생기는 것은 공기의 온도 차이 때문이다. 공기가 열을 받아 팽창하면 부피가 커지므로 밀도가 작아져서 가볍게 된다. 가벼워진 공기는 위로 올라가며 그로 인해 생긴 빈자리에 주위에 있는 다른 공기가 밀려들게 되어 공기가 움직이게 되는데 이것이 바람이다. 따라서 바람이 불려면 한 지역의 온도가 주위의 온도보다 높거나 낮아야 한다. 지구는 비열이 큰 물과 비열이 작은 흙으로 구성이 되어 있어서 똑같은 햇빛을 받더라도 물보다는 흙이 더 많이 더워질 뿐 아니라 온도 변화도 더 크다. 이러한 비열의 차이는 주변의 공기 온도를 변화시켜 기압 차를 만들어 바람이 불게 되는데 항상 압력이 높은 찬 곳에서 압력이 낮은 더운 곳으로 바람이 분다.

실질적으로 바람이 부는 것을 조사해 보면 낮과 밤에 따라 해풍과 육풍이 불고 겨울과 여름에 따라 북서풍과 남동풍 등의 계절풍이 불기도 하고 지역적인 특성에 따라 푄 바람이 불기도 한다.

낮에는 해풍이 분다

메트캐프의 〈하바나 항구〉는 적도 지방의 정서를 느낄 수 있는 쿠바의 항구를 묘사했다. 작품은 언덕에서 보이는 부두와 만의 반대쪽 해안에 우거진 먼 언덕의 파노라마식 전망을 나타냈다. 가늘고 곧게 선 키 큰 종려나무와 바람에 흔들리는 잎은 낮은 빌딩들로 가득 찬 복잡한 해안선과 대조를 이룬다. 만을 채우고 있는 라벤

Willard Metcalf, Havana Harbor, 1902

더 색상의 조용한 물과 빌딩의 분홍색 지붕, 진홍빛 꽃이 이루는 풍부한 색상은 적도 지방의 강한 햇빛을 느끼게 한다.

물리 | 낮에는 육지가 덥고 바다가 시원하므로 낮에 부는 바람은 바다에서 육지로 해풍이 분다.

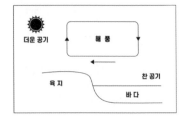

밤에는 육풍이 분다

실바의 〈텐 파운드 아일랜드, 글루체스터〉는 밤과 낮의 경계에 비치는 빛의 미세한 변화의 순간과 이에 따른 색깔, 대기, 감정의 잠깐 동안의 극적인 효과를

Francis Augustus Silva, Ten Pound Island, Gloucester, 1871/1872

나타내고 있다. 그림은 보름달이 텐 파운드 아일랜드의 분홍색 구름 위로 떠올라 섬의 등대와 멀리 있는 도시의 불빛보다 강하게 비치는 매사추세츠주 글루체스터의 외항을 나타내고 있다. 등대와 달은 모두 잔잔한 수면을 비추지만 항구를 최소화하고 달을 중앙에 배치함으로써 달빛을 강조했다.

물리 | 밤에는 육지의 온도가 바다보다 더 낮으므로 압력이 큰 육지에서 압력

이 작은 바다로 육풍이 분다.

미술 | 실바는 고요하게 빛을 반사하
는 물과 아울러 부드럽고 흐
릿한 하늘을 조감도로 묘사
하여 풍경의 고요함을 강조
하는 미국의 루미니스트 풍
경화가이다. 그의 주제는 해
양 장면, 특히 대서양 연안
의 해양 장면이며 해안 분
위기를 묘사하기 위하여 빛

Moonlight Sail, 1880

의 미묘한 그러데이션을 능숙하게 포착했다. 그는 해안의 로
맨틱한 장면에 초점을 두며 해안가의 유흥 장면은 배제했다.
〈월광 항해〉는 달밤의 로맨틱한 해양 장면을 묘사하고 있다.

바닷가에 부는 바람(해풍과 육풍)

물의 큰 비열은 바람의 원천으로 작용한다. 해변가에서 부는 바람은
낮과 밤에 따라 방향이 다르다. 낮에는 비열이 작은 육지의 공기가 바다

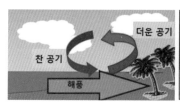

보다 더 더워지므로 바다에서 육지로 시원한 해풍이 불고, 밤에는 육지
가 바다보다 더 시원해지므로 육지에서 바다를 향하여 육풍이 분다. 이
와 유사하게 산에서는 산마루와 산골짜기 사이의 온도 차로 인한 기압
차가 발생되어 골바람이 부는 것을 경험할 수 있다.

겨울에 부는 매서운 북서풍

〈아를르의 여인들(북서풍)〉은 고갱이 고흐와 함께 지내던 옐로우 하
우스 건너편에 있는 공원 지역을 묘사한 것이다. 고갱은 그림에 그려진
분수, 벤치, 결빙을 막기 위해 둘러싼 원뿔형의 관목 등을 그의 침실 창
문을 통해서 관찰할 수 있었다. 그림 앞쪽에 있는 인물은 차디찬 북서풍
을 막기 위하여 숄을 입까지 끌어올려서 꽉 붙잡고 있다. 그녀의 멍한
눈과 함께 이러한 그녀의 자태는 주체할 수 없는 슬픔을 억누르고 있다
는 느낌을 강하게 나타내고 있다.

Paul Gauguin,
Arlesiennes(Mistral), 1888

- 바람도 타향에서 맞는 바람이 더 차고 시리다.
  같은 고생도 제집에서 겪는 것보다는 객지에서 겪는 것이 더 힘겹고 괴로움을 비유적으로 이르는 말.

물리 │ 계절풍

육지와 바다 사이의 큰 비열 차이는 계절풍의 원인이다. 겨울에는 육지가 바다보다 차가우므로 찬바람이 육지에서 바다로 분다. 반대로 여름에는 따뜻하고 습한 바람이 바다에서 육지로 분다. 그래서 겨울에 북서풍은 겨울 추위를 몰고 오고, 여름에는 덥고 습한 남동풍이 분다. 우리 나라에서는 계절적으로 겨울에 시베리아 땅에서 찬 공기가 밀려오기 때문에 북서풍이 분다.

? **바람의 옛 이름**

우리나라에서는 옛날에 바람의 명칭을 방위로써 불러왔던 것이 많다. 고어로 북쪽을 '높[高]' 또는 '뒤[後]'라 하여, 북풍은 높바람 또는 뒤바람이라 했으며, 동쪽을 '새[沙]'라 하여 동풍은 샛바람, 서풍은 하늬바람, 남풍은 마파람이라고 했다. 또한, 높새란 북동을 가리키므로 북동풍을 높새바람, 북서풍을 높하늬바람, 서남풍을 늦하늬바람이라 했다.

샛바람(동풍)

· 샛바람에 게 눈 감기듯 한다.

게의 눈이 샛바람에 빨리 감기는 모양같이 굉장히 졸린 눈 모양을 말한다.

하늬바람(서풍)

· 하늬바람에 곡식이 모질어진다.

여름이 지나 서풍이 불어오게 되면 곡식이 여물고 대가 세진다는 말.

· 하늬바람에 엿장수 골내듯 한다.

겨울에 서풍이 불어 엿이 녹지 않아서 그 값이 더 나가는데도 엿장수가 공연히 화낸다는 뜻으로 자기에게 유리한 조건인데도 도리어 화를 내는 모습을 비유한 말.

· 하늬바람이 사흘 불면 통천하를 다 분다.

어떤 유행이 매우 빨리 퍼져 나감을 비유적으로 이르는 말.

마파람(남풍)

· 마파람에 게 눈 감추듯 한다.

음식을 매우 빨리 먹어 버리는 모습을 일컫는 말.

· 마파람에 곡식이 혀를 내물고 자란다.

남풍이 불기 시작하면 모든 곡식이 아주 빨리 자라는 것을 이르는 말.

· 마파람에 돼지 불알 놀듯 한다.

아무런 구속 같은 것도 받지 않는 사람이 쓸데없이 흔들거리는 모양새를 이르는 말.

· 마파람에 호박 꼭지 떨어진다.

어떤 일이 아무런 장애도 없는데 과정이 틀어져 나갈 때를 비유하여 이르는 말.

된바람(북풍)

· 동지섣달의 된바람이 불면 병해충이 적어진다.

동지섣달에 부는 북풍은 기온이 크게 내려가므로 다음 해는 병해충 발생이 적어진다.

여름에 부는 무더운 남동풍

고갱의 〈마하나 노 아투
아(신의 날)〉는 타히티를 주
제로 한 작품으로써 실제적
이라기보다는 상상적인 폴
리네시아 문화의 묘사이다.
이 장면은 여신 '히나'의 우
상이 압도적이며 여신의 오

Paul Gauguin, Mahana no atua(Day of the God), 1894

른쪽에는 식민당국이 압제하던 고대의 타히티 춤을 여인들이 추고 있
다. 분홍색 모래 바닥의 중앙에는 미역감는 여인이 앉아 있으며 그 양옆
에는 남자인지 여자인지 명확하지 않은 인물들이 한 명씩 옆으로 누워
있다. 이 세 명의 배열은 출생, 삶, 죽음을 상징하는 듯하지만 고갱은 그
의미를 수수께끼로 남겨두었다.

물리 | 여름에는 덥고 습한 남동풍이 분다.

5. 잠열

잠열은 물질의 상태가 변화될 때 방출되거나 흡수되는 에너지이다. 이 경우 열은 물질의 상태를 변화시키는 데에만 사용되며 온도를 변화시키지는 않는다. 물질의 상태는 고체, 액체, 기체가 있으며 이에 따라 잠열에도 융해열, 기화열, 승화열 등이 있다.

융해열

얼음이 녹을 때 발생하는 열을 융해열이라고 하는데 얼음 1그램이 녹으면 80칼로리의 열이 발생한다.

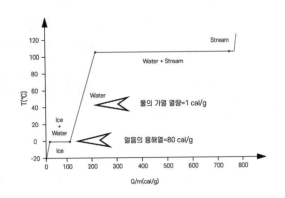

더운 여름철 마당에 물 뿌리기

아주 더울 때 마당에 물을 뿌리면 물이 증발되어서 땅이 시원해진다. 이것은 물이 수증기로 상태가 변화되면서 잠열의 형태로 저장되기 때문이다.

얼음 위에 놓인 시원한 샴페인

마네의 〈굴과 샴페인이 있는 정물화〉는 굴 한 접시, 샴페인 한 병과 여러 가지 액세서리가 번쩍이는 카페 테이블에 놓여 있다. 화면의 오른쪽 상단을 차지하고 있는 부채와 과감하게 자른 듯한 구성, 풍부한 팔레트, 유동성을 나타내고 있는 물감 등은 마네의 유행에 따른 현대성을 잘 나타내고 있다.

물리 | 융해열

얼음의 잠열을 이용해서 샴페인을 시원하게 만들고 있다. 굴의 신선도는 얼음과 접촉시킴으로써 유지할 수 있다. 얼음은 잠열이 크므로 녹으면서 굴로부터 많은 양의 열을 흡수한다. 그래서 얼음이 완전히 녹기 전까지는 음식은 낮은 온도를 유지할 수 있다. 샴페인도 얼음의 잠열로 인해 차갑게 유지된다.

아이스티의 잠열

음료수는 얼음 조각을 넣어줌으로써 차갑게 만들 수 있다. 얼음이 녹을 때 많은 양의 열이 흡수되어 음료수의 온도를 낮춰준다. 얼음의 잠열은 음료수의 온도를 물이  어는점으로 유지해준다. 얼음 1그램의 온도를 1°C 높이는 데는 0.5칼로리의 열량이 필요하지만 얼음 1그램을 녹이는 데는 80칼로리의 열량이 필요하다. 이와 같이 얼음을 불로 녹이는 데는 많은 열량이 소요된다.

Edouard Manet, Still Life with Oyster and Champagne, 1876/1878

생선의 신선도

생선의 신선도는 생선을 얼음이 가
득 채워진 아이스박스에 넣음으로써
유지할 수 있다. 얼음은 녹으면서 생
선으로부터 많은 양의 융해열을 흡수
한다. 그래서 생선은 얼음이 완전히
녹기 전까지는 신선도가 유지된다.

얼음은 열을
많이 흡수해

기화열

물이 수증기가 될 때 발생하는 열이며 물 1그램을 수증기로 만드는
데는 539칼로리의 열량이 필요하다.

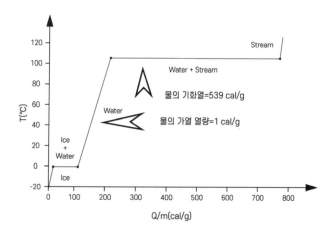

땀

땀이 난 후에는 시원하게 느껴진다. 이것은 땀
이 증발할 때 기화열이 발생되기 때문이다. 그 결
과 열이 제거되어 몸이 식는다. 여름철에 땀을 뻘
뻘 흘리며 더운 음식을 먹으면 시원하다고 느끼는
것도 마찬가지이다.

시원한 목욕

야외에서 무리로 모여서 목욕하는 사람들의 연구를 통해서 세잔은
고전적인 주제를 현대적인 그림의 형태로 재구성하는 것을 착상했다.
〈목욕하는 사람들〉은 모든 구성의 복잡성을 얇은 수평 방향의 획과 점,
그리고 흰색을 주로 한 캔버스의 넓은 면적을 통해서 수채화 같은 가벼
움으로 표현했다.

Paul Cezanne, The Bathers,
1899/1904

과학, 명화에 숨다

물리 | 더운 여름에 목욕을 하면 시원해지는 것은 몸에서 기화열이 방출
되기 때문이다.

여름 소나기

토머스 다우티는 풍경화 〈다가오는 스콜(여름 소나기가 내리는 나한트
해변)〉을 통해서 단순한 지형학적 풍경의 묘사를 넘어서 자연 자체의
큰 아이디어를 탐구
하는 데까지 영역을
넓히고 있다. 그림에
서 나한트 해변의 전
망은 변화하는 기압
의 조건을 포착했을
뿐 아니라 그러한 조
건이 주변에 미치는
효과를 잘 나타내고
있다.

Thomas Doughty, Coming Squall(Nahant Beach with a Summer
Shower), 1835

물리 | **기화열**

물은 기화열이 539cal/g으로 아주 크므로 수증기의 잠열은 막대하
다. 바다의 잠열이 대규모로 모이면 스콜이 만들어지기도 한다.

미술 | 토머스 다우티는 미국의 풍
경화가로서 강과 산, 특히
허드슨강 계곡의 조용하고
분위기 있는 풍경으로 유명
하다. 〈강 낚시〉는 야외에서
낚시를 즐기는 아버지와 아
들의 모습을 묘사하고 있다.

Fishing in a River, 1828

시간을 절약하는 스팀 요리

스팀 요리는 만두를 찌거나 생선
이나 고기를 요리할 때 사용된다. 수
증기가 요리에 응축할 때 수증기의
잠열은 음식에 직접 방출되어서 음
식이 빨리 요리되도록 한다. 물은 기

화열이 아주 크므로 스팀 요리 방법이 가능하게 되었다.

젖은 수건을 두르면 뜨겁다

건식 사우나실에서는 100℃ 이상
의 높은 온도에서도 오래 견딜 수 있
는 것은 공기가 비교적 양호한 절연
체이기 때문이다. 사우나실의 온도가
높을 때는 마른 수건을 한 장 갖고 들

어가면 수건에 함유된 공기가 훌륭한 단열효과를 하므로 편안하게 사우나를 할 수 있다. 그러나 물수건을 갖고 들어가면 물수건은 금세 뜨거운 습포가 되어 물에 포함된 기화열 때문에 위험하다.

몰려오는 폭풍

부댕의 〈다가오는 폭풍〉은 노르망디 해변가의 관광지에서 휴가를 보내는 19세기 프랑스 중류층의 풍경이다. 그 당시에는 수영복이 드물어서 사람들은 해수욕장에서도 도시에서

Eugene Boudin, Approaching Storm, 1864

입던 옷을 그대로 입고 수영을 했다. 바퀴 달린 오두막에는 물을 끌어당기는 시설이 되어 있어서 수영을 마친 사람들은 노출될 염려 없이 이동식 오두막 안에서 옷을 갈아입었다.

물리 | 태풍, 토네이도

물이 증발하면 지구의 대기에 열이 저장된다. 태풍은 여름의 뜨거운 햇빛을 받아 태평양 바다가 더워져서 만들어진 저기압이 태평양 바다를 지나

우리나라로 오는 도중에 점차 열이 많이 저장되어 그 세력이 강해진 것을 말하는데 강한 바람과 폭우를 동반한다. 따라서 태풍은 거대한 잠열, 특히 기화열의 저장고라고 할 수 있다.

토네이도는 태풍과 마찬가지로 발생된 저기압이 넓은 대평원을 지나면서 점차 그 세력이 강해진 강한 바람이다. 토네이도 내부에서 공기의 흐름은 대단히 빠르므로 압력은 아주 작다. 따라서 토네이도 외부와의 커다란 압력 차이로 인하여 토네이도가 그 내부로 빨아들이는 힘은 가공할 만한 것이다. 토네이도는 본질적으로 베르누이 효과에 의한 압력 차이가 큰 힘을 제공하는 것이다.

미술 | 부댕은 야외에서 그림을 그린 최초의 프랑스 풍경화가 중 한 명이다. 그의 주제는 해양이었으며 그는 바다와 해안을 따라 움직이는 모든 것을 표현하는 데 전문가였다. 그는 특

Seascape with Open Sky, 1860

히 하늘을 섬세하게 표현하여 코로는 그를 하늘의 왕이라고 불렀다. 〈Seascape with Open Sky〉는 해안가 하늘 풍경을 섬세하게 묘사한 작품이다.

폭풍은 비를 동반한다

조르주 미셸은 풍경화가
로 주로 파리 주변 지역인 몽
마르트르 근처와 북쪽의 생
드니 평원에서 작품 활동을
했다. 〈폭풍〉은 언덕 위로 마
차를 힘겹게 끌어올리는 장
면을 묘사한 것인데 미셸은
낮고 무거운 하늘을 통하여

Georges Michel, The Storm, 1814/1830

위협적으로 다가오는 폭풍을 평평한 파노라마 뷰로 나타냈다. 이 그림
은 넓고 서정적인 붓놀림으로 밝게 비치는 땅과 어두운 하늘이 날카로
운 대조를 이루도록 한 것이 인상적이다.

물리 | 토네이도는 잠열의 결정체

토네이도는 육지에서 발생
한다. 햇빛의 에너지는 넓은
광야에서 잠열의 형태로 토
네이도에 저장된 후 아주 강
한 회오리바람으로 에너지
를 방출한다. 즉 토네이도는
거대한 잠열의 저장고인 셈이다.

미술 | 조르주 미셸은 프랑스의 풍경화가로 주로 파리 주변 지역인 몽마르트르 근처와 북쪽의 생 드니 평원에서 시골 풍경에 집중하여 작품 활동을 했다. 그는 생전

Moulin a Montmartre, 1830

에는 잘 알려지지 않았으며 그림을 카피하거나 복원하는 것으로 생업을 유지했다. 〈몽마르트르의 풍차〉는 당시의 풍경을 묘사하고 있다.

6. 열의 전달

열이 전달되는 과정은 물체에 직접 전달되는 전도, 액체나 기체를 통한 대류, 아무런 매체 없이 전달되는 복사 등의 세 가지가 있다. 예를 들어 뜨거운 불이 있을 때 쇠막대를 불에 넣

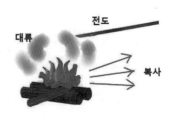

으면 전도에 의해서 열이 물체에 직접 전달되고, 불에서 조금 떨어진 곳에서는 대류에 의해서 더운 공기를 통하여 열이 전달되며, 아무런 매개체가 없이도 복사 과정을 통해서 불의 열기가 직접 전달되기도 한다.

전도

물질 중에는 열을 잘 전달하는 양도체도 있고 열을 잘 전달하지 않는 부도체도 있다. 일반적으로 금속은 열을 빨리 흡수하는 양도체이며 플라스틱, 나무, 흙 등의 물체는 열이 잘 전도되지 않는 부도체이다. 특히 공기는 열전도도가 대단히 작아서 열을 잘 전달하지 않는다.

금속 봉에 달라붙은 혀

겨울에 혀는 얼어붙은 금속 막대에 달라붙는다. 금속은 좋은 전도체이므로 열을 빨리 흡수하여 얼어붙은 금속 막대에 혀를 접촉하면 혀로부터 금속 막대로 열이 급격히 빠져

나가기 때문이다. 그러나 열전도도가 작은 플라스틱이나 나무 등의 물체에는 열이 잘 전도되지 않는다.

나무 그릇과 금속 물병

고갱은 〈나무 컵과 금속 주전자〉에서 서로 다른 재질의 두 물체를 시각적으로 느껴지는 대로 묘사하고 있다.

Paul Gaugin, Wood Tankard and Metal Pitcher, 1880

나무는 비열이 크고 금속은 비열이 작다. 그래서 나무 컵은 금방
뜨거워지지 않아 뜨거운 물을 담으면 오랫동안 식지 않고 따뜻하
게 유지된다. 반면에 금속 주전자는 금방 뜨거워져서 물을 데우기
에 좋다.

금속 그릇과 질그릇

〈부엌 풍경〉은 벨라스케스가 살던 당시의 일상적인 소박하고 자연스
러운 장면을 놀라울 정도로 사실적으로 표현한 작품이다. 이 작품에는
종교적인 암시가 전혀 들어 있지 않음에도 불구하고 단순한 부엌 가구
들과 음식을 서빙하는 아가씨를 통해 전반적으로 사색하는 엄숙한 분
위기가 느껴진다.

Diego Velazquez, Kitchen Scene, 1618/1620

미술 | 벨라스케스는 바로크 시대의 사실주의 스페인 화가였으며 대담한 붓놀림이 특징인 자유로운 방식을 발전시켰다. 그는 역사적 의미가 있는 장면을 여러 번 재현한 것 외에도 스페인 왕실과 평민의 초상화를 수십 점 그렸으며 필립 4세의 가족을 묘사한 〈시녀들〉로 그의 작품은 절정에 이르렀다.

Las Meninas, 1656

물리 | **요리 기구의 열전도도**

금속 식기를 열원 위에 놓으면 음식으로 열이 빨리 전달되므로 음식을 빨리 요리할 수 있다. 따라서 금속 물질은 식품을 가열하는 요리 기구로 사용하기 적합하다.

질그릇이나 세라믹은 열을 잘 전도하지 않는 반면에 열을 오랫동안 유지한다는 장점이 있다. 따라서 열전도도가 작은 재료는 음식의 온도를 오랫동안 일정하게 유지하는 데 사용한다. 예를 들어

도자기로 만든 그릇은 국그릇으로 아
주 적합하다.

모피 외투는 따뜻하다

〈가을(메리 로랑)〉은 여인을 통해서 계절을 상징적으로 구현한 마네의
두 번째 기획 시리즈이다. 이 작품에서 마네는 자신의 친구인 당시 30대
의 미인으로 명성이 자자한 전직 배우이자 교양 있는 파리장인 로랑을
모델로 했다. 그녀의 의상은 검은 담비 모피로 만든 망토였으며 하늘색
을 바탕으로 국화를 포함한 가을에 피는 꽃들을 배경으로 함으로써 모
피에 둘러싸인 모델의 실루엣이 명확히 드러나도록 했다. 마네는 첫 번
째 시리즈인 〈진(봄)〉과 마찬가지로 〈가을(메리 로랑)〉에서 꽃으로 구성
된 배경과 등장인물을 대등하게 경쟁시킴으로써 이들 둘 사이의 관계
로 인해 관중의 관심을 더 끌 수 있는 가능성에 대해 흥미를 가졌다.

마네는 죽을 때까지 이 작품을 고이 간직하고 있었으며 그의 사후에
이 작품의 모델이었던 로랑이 소유했다가 그녀의 고향인 프랑스 낭시
에 있는 미술관에 유산으로 양도했다.

물리 | 따뜻한 모피

모피는 겨울에 추위를 막아준다. 모피를 위시하여 방한복 소재는 우
리 몸에서 열이 방출되는 것을 방지하기 위하여 양털이나 새털 등의 열
전도도가 작은 물질을 사용한다. 자연에 있는 여러 종류의 동물들은 추
위를 방지하기 위하여 매년 털갈이를 한다. 동물의 털이 따뜻한 것은 털

Edouard Manet, Autumn (Mery Laurent), 1881 or 1882

사이에 공기가 많이 포함되어 있기 때문이며 털갈이를 통해서 털 사이의 공기 함유량을 증가시킨다.

울 스웨터는 체온으로 인해서 더워진 공기를 가두어 두고 찬 외부와의 대류를 방지해 주므로 겨울에 우리를 따뜻하게 해 준다. 일반적으로 동물들과 새들은 열전도도가 낮은 털로 덮여 있다. 우리는 몸에서 열이 나가는 것을 방지하기 위하여 열전도도가 낮은 동물들의 털이나 이와 유사한 합성 물질을 사용하여 방한용 옷이나 신발이나 담요를 만들어 사용하기도 한다. 이러한 것들은 모두 공기의 단열 특성을 이용한 것이다.

공기를 함유하고 있는 양털

쉬외르는 교회의 의뢰를 받아 예수의 산상수훈에서 언급한 팔복을 여덟 장 그렸는데, 〈온화〉는 의인화된 팔복 중 하나로써 금을 기반으로 한 형태로 전체적으로 우아한 효과를 나타내고 있다.

미술│쉬외르는 신고전주의 양
　　식의 프랑스 화가로서
　　종교적 주제에 대한 그
　　림으로 유명하다. 〈The
　　Triumph of Galatea〉는
　　그의 대표작이다.

The Triumph of Galatea, between circa 1643 and 1644

Eustache Le Sueur, Meekness, 1650

미술 │ 신고전주의는 18세기 말 프랑스를 중심으로 유럽에서 발생한 미술사조로써 고전적 내용과 역사적 내용을 중심으로 하며 애국심과 영웅적 내용을 강조한다. 작품의 특징은 연극 무대

The Intervention of the Sabine Women, 1799, by Jacques-Louis David

처럼 한정된 공간과 단순한 구도를 취하며 숨어 있는 비극적 감정을 표현하고자 한다. 대표적인 화가로는 다비드, 앵그르 등이 있다. 〈사비나 여인의 중재〉는 다비드의 대표작이다.

물리 │ 울

양털은 겨울에 추위를 막아준다. 양털이 따뜻한 것은 털 사이에 공기가 많이 함유되어 있기 때문이다. 양털로 만든 울-wool 스웨터는 체온 때문에 더워진 공기를 가둬두어서 추운 주변으로 대류가 일어나는 것을 방지하므로 겨울에 따뜻하다. 양털은 또한 복사가 직선 경로로 일어나지 않으므로 복사열에 의한 열 손실도 줄여준다.

옷 속의 공기

공기는 열전도율이 작으므로 공기의 움직임이 제한되면 공기는 좋은 단열재의 역할을 한다. 최근까지 솜은 추위를 막는 데 선호하는 물질이

었다. 솜이 든 옷이 따뜻한 것은 솜에 포함된 공기 때문이다. 솜을 오랫동안 사용하면 섬유 사이의 공간이 적어져서 솜이 덜 따뜻하게 되는데 이런 경우 솜을 타면 전과 동일하게 솜 섬유 사이에 공간을 만들어줌으로써 새것처럼 따뜻해진다.

얇은 옷을 여러 벌 겹쳐 입으면 두꺼운 옷 한 벌을 입는 것보다 더 따뜻하다. 이것은 얇은 옷과 옷 사이에 공기층이 만들어지므로 두꺼운 옷 한 벌에 포함된 공기보다 더 많은 공기가 포함되어 옷 사이에 있는 공기가 열을 잘 전달하지 않기 때문이다. 이와 같이 공기의 층을 만들면 좋은 보온효과를 얻을 수 있다.

초가지붕의 단열성

초가지붕을 만드는 데 쓰이는 볏짚은 속이 빈 대롱 형태이기 때문에 초가지붕은 단열효과가 좋다. 아파트나 주택의 경우는 단열재로 시공할 뿐 아니라 지붕 사이에 공기층을 만들어 단열효과를 높인다.

따뜻한 양털

밀레는 종교적인 주제를 다루지는 않았지만 대단히 종교적인 분위기로 농부들의 생활을 사실적으로 묘사했다. 〈양털 깎기〉는 남자가 양을 붙잡는 보조적인 일을 하고 있고 여인이 가위로 양털을 깎는 시골 생활을 나타내고 있다.

Jean-Francois Millet, The Sheepshearers, 1857/1861

물리 | 양털이 따뜻한 것은 털 사이에 공기가 많이 함유되어 있기 때문이다.

아파트의 베란다와 겹유리

아파트의 베란다는 보온의 역할을 하는 곳이다. 여름에는 외부의 열이 실내로 들어오는 것을 막아

주며, 겨울에는 실내의 열이 밖으로 나가는 것을 막아준다. 기체는 액체나 고체에 비해 열전도율이 작기 때문에 아파트의 베란다는 이러한 공기의 단열 효과를 이용한 것이다.

겹유리는 공기층이 열전도가 잘 되지 않는 성질을 이용한 것이다. 얇은 유리 두 장을 겹쳐서 사용하는 겹유리가 두 배로 두꺼운 유리 한 장보다 보온이 더 잘 되는 것도 유리 사이의 공기가 단열효과가 좋기 때문이다. 실제로 공기의 열전도율은 유리의 1/40밖에 되지 않는다. 따라서 겹유리는 공기층이 열전도가 잘 되지 않는 성질을 이용하여 좋은 보온 효과를 얻을 수 있도록 만든 것이다.

카시마야 털실을 공급하는 염소들

사전트의 〈시리아의 염소들〉은 돌이 많고 햇빛이 잘 드는 목장에서 한 무리의 염소들과 이들을 돌보는 목동을 주제로 한 그림이다. 화가는 그림 소재를 찾아 중동 지역을 여행하며 이 그림에 나타난 자연스러운 일상의 세계를 묘사했다.

물리 | 동물들과 새들은 열전도도가 작은 털이나 깃털로 덮여 있다. 우리
는 겨울용 옷이나 신발, 이불 등으로 이러한 동물들의 털, 깃털, 또
는 이와 유사한 인조 물질들을 사용한다. 염소의 털이 따뜻한 것
은 털 사이에 있는 공기 때문이며 염소 털은 캐시미어의 재료로
사용된다.

추위를 날려버리는 오리털 파카

공기는 열전도도가 아주 작기 때문에 좋은 절연체이다. 다운down은
추운 겨울에 방한복으로 선호하는 재료이다. 거위털이나 오리털 등의
다운은 공기를 많이 포함하고 있기 때문에 울wool보다 더 따뜻하다. 우
리는 몸으로부터 열이 방출되는 것을 방지하기 위하여 열전도도가 낮
은 물질을 옷감으로 사용한다.

거위털과 오리털은 추운 겨울철에 즐겨 찾는 물질이다. 이러한 털들이 양털보다 더 따뜻한 것은 양털보다 공기를 더 많이 포함하고 있기 때문이다. 우리

는 몸에서 열이 나가는 것을 방지하기 위해서 열전도도가 작은 물질을 사용한다. 공기의 이동이 제한되면 공기는 낮은 열전도도 때문에 좋은 단열재로 쓰인다.

그러므로 겨울옷으로 거위나 오리털이 선호된다. 날씨가 추워지면 새들이 깃털을 부풀리는 것을 볼 수 있다. 그럼으로 해서 공기가 이동하지 않고 깃털 사이에 머물도록 하여 단열효과를 증가시켜 추운 날씨에도 몸을 따뜻하게 유지한다.

열팽창

에너지가 작을수록 안정되는 현상은 분자 레벨에서도 일어난다. 예를 들어 철사를 가열하면 길이가 길어진다. 길이가 왜 줄어들지 않고 늘어날까? 이는 철사를 이루는 분자들이 서로 일정한 거리를 유지하고 있다가 열을 받으면 인접한 분자들 사이의 거리가 먼 방향으로 분자가 운동을 하면서 그들 사이의 에너지가 감소되기 때문이다. 따라서 열을 받으면 길이가 늘어난다.

열 스트레스

열 스트레스는 열적 팽창이나 수 축에 의해서 발생된다. 바위의 풍화 작용, 얼음이 얼 때 부피가 팽창하는 것, 더운 여름에 철로가 휘어지는 것, 도로 아스팔트에 구멍이 생기는 것, 뜨거운 유리를 갑자기 냉각시키면 금

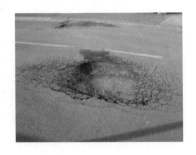

이 가는 것은 모두 열 스트레스에 의한 것이다. 이와 같이 열 스트레스 에 의해서 만들어진 힘과 압력은 대단히 크다.

교량에 만들어진 갭

철강으로 만든 교량은 더운 여름에는 열팽창 때문에 늘어 난다. 이러한 교량에는 열팽 창에 의한 교량의 파괴를 방 지하기 위하여 상판 사이에 완충 공간을 만들어 둔다.

대류

더운 공기는 찬 공기보다 가 볍다. 그러므로 더운 공기는 올 라가고 찬 공기는 내려간다. 이

렇게 열은 대류에 의해서 전달된다. 에어컨은 찬 공기를 발생하므로 에어컨을 위쪽에 설치하므로써 대류에 의해서 방 전체가 시원해지도록 한다.

한옥에 부는 시원한 바람

우리나라의 전통적인 한옥에는 건물을 중심으로 앞마당과 뒷마당이 있다. 그런데 특이한 점은 앞마당은 나무가 없는 맨땅이고 뒷마당에는 나무와 꽃밭 등 식물을 많이 키우고 있다. 그래서 뒷마당은 비교적 시원하고 앞마당보다 기압이 높아 대청마루에는 두 마당 사이의 기압의 차이에 의해서 뒷마당으로부터 바람이 분다. 따라서 여름에 시원한 바람을 즐길 수 있는 것이 한옥의 묘미 중 하나이다.

베두인족의 시원한 원피스

사전트는 아라비아반도를 여행하면서 사막에서 유목 생활을 하는 베두인 캠프를 만났다. 특히 베두인 남성들의 복장이 특이한 원피스여서

John Singer
Sargent,
Study of Two
Bedouins, 1905/6

그들의 모습을 〈두 베두인족의 연구〉라는 그림으로 묘사했다.

물리 | 사막 위에서 검은색 원피스를 입는 베두인족

흰색은 빛을 반사하고 검은색은 열을 흡수하므로 우리는 여름에 흰색 옷을 입고 겨울에 검은색 옷을 입는다. 그러나 베두인족은 뜨거운 여름에 사막에서 검은색 원피스를 입는다. 실제로 검은색 옷은 흰색보다 열을 더 많이 흡수하므로 온도가 6°C 더 높다. 더 높은 온도는 옷

속에서 위와 아래 사이에 더 큰 기압차를 만든다. 옷 속에서 위와 아래의 압력 차이는 옷 안에 바람을 일으키므로 시원해진다.

복사

복사는 열에너지 전달 방법 중의 하나이며 빛과 마찬가지로 매질 없이 진공 중에서 전파될 수 있다.

라디오미터

복사열을 측정할 수 있는 기구로 라디오미터가 있다. 라디오미터는 유리 용기 속에 바람개비를 설치한 것인데 한쪽 면은 흰색, 다른 면은 검은색으로 되어 있다. 여기에 빛을 비추면 검은 면은 복사열을 쉽게 흡수하여 흰 면보다 온도가 높아지므로 검은 면 주변의 공기 분자들은 흰 면 주변보다 열운동이 활발해져서 충돌할 때 더 큰 압력을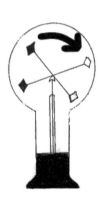
미치므로 날개는 시계 방향으로 돌게 된다. 빛의 세기가 강해지면 라디오미터의 회전 속도는 더 빨라진다.

양산으로 햇빛을 가리면 덥지 않다

여배우 진 데마시가 파리 무대에서 유명해지기 5년 전에 그녀는 마네의 작품 〈진(봄)〉으로 십 대의 젊은 모델로 공식적으로 데뷔했으며 마네는 스튜디오에서 이 작품을 만들었다. 진은 꽃무늬가 있는 레이스가 달

Edouard Manet, Jeanne(Spring), 1881

린 옷을 입고 공원에서 산책하는 데 필요한 액세서리들을 갖추고 있다. 마네는 모델의 의상을 비롯한 소품들을 마련하고, 모델이 냉담한 표정을 짓게 하여 진 데마시를 전형적인 파리쟝으로 만들었다. 배경에 있는 정원은 모델의 여성스러움과 아울러 그녀에게서 봄을 구현하도록 창작된 것이다. 이 작품은 봄꽃으로 만들어진 부케이며 매력적인 보석이라는 느낌을 안겨준다.

물리 | 양산은 태양의 복사열을 차단한다.

검은색은 복사열을 잘 흡수한다

복사열은 물체에서 전자기파의 형태로 방출된 에너지가 다른 물체에 흡수되어 열로 바뀌는 에너지를 말한다. 전자기파로 직접적 전달이 이루어지므로 복사체와 흡수체 사이의 매질이 없어도 순간적이고 직접적인 전달이 이루어지며 검은색 물체에서 복사열이 잘 흡수된다.

복사열을 즐기는 사람들

햇빛 아래 서 있으면 따뜻하지만 누군가가 앞을 가로막으면 갑자기 추위가 느껴진다. 이것은 우리를 향해 다가오는 적외선 때문이다. 우리의 피부는 적외선을 흡수하여 따뜻하게 느낀다. 우리가 느끼지만 눈에 보이지 않는 이 빛은 복사에너지이다. 이러한 종류의 열은 복사열이라고 하는데 이것은 매질 없이 전파된다.

디오게네스의 햇빛을 가린 알렉산더 대왕

어느 맑고 추운 날, 알렉산더 대왕이 거지 철학자 디오게네스를 방문했다. 알렉산더는 디오게네스 앞에 서서 무엇이든 원하는 것은 이야기하라고 했다. 그러자 디오게네스는 알렉산더에게 태양을 가리지 말고 옆으로 비켜 달라고 했다. 알렉산더가 태양을 가리고 있어 디오게네스는 춥게 느꼈던 것이다.

햇빛을 쬐면 따뜻해지는 것은 복사열 때문이다.

7. 단열과정

기체에 열이 가해지거나 제거되지 않고, 오로지 팽창이나 수축에 의해서 온도가 변화되는 과정을 단열과정이라고 한다.

단열팽창

압축된 기체가 단열팽창하면 외부에서 일을 하며 기체는 냉각이 된다. 만일 실린더 속에 압축된 탄산가스가 방출되면 그 기체는 미세한 드라이아이스의 형태로 되며 단열팽창에 의한 이러한 냉각 원리는 공기의 액화에 이용되고 있다. 높은 산에서 날씨의 변화가 극심하게 변하는 것이나 푄 현상이 일어나는 것도 공기가 단열팽창되기 때문에 일어나는 현상이다.

백년설에 덮인 높은 산

더운 공기는 가벼워서 하늘로 올라가며, 위로 올라갈수록 공기 밀도가 작아져서 공기는 팽창한다. 이러한 팽창에 필요한 에너지는 기체 자신의 운동에너지, 즉 기체의 열량으로부터 공급되므로 이 과정에서 온도가 내려가게 된다.

만년설로 덮인 높은 산봉우리

프레더릭 처치는 에콰도르의 코토팍시 화산을 최소한 10여 점 이상 그렸다. 그는 라틴아메리카를 두 번째 방문하기 직전에 그동안 그의 생각을 선점했던 과학적, 종교적, 정치적 테마를 결합하여 〈코토팍

Frederic Edwin Church, View of Cotopaxy, 1857

시 전경〉을 그렸다. 작가는 자연과 과학은 창조주로서 신의 역할에 의해 만들어졌다는 믿음을 갖고 종교적인 관점으로 세계를 보았다. 처치는 라틴 아메리카의 무성한 우림은 에덴동산과 유사하다고 생각했으며 화산은 창조와 파괴를 주관하는 신의 힘으로 이해했다.

물리 | 높이 올라갈수록 추워진다

대기를 이루고 있는 공기 덩어리의 크기는 수 km에서 수십 km로 대단히 거대하기 때문에 공기 덩어리 가장자리에서의 온도나 압력의 변화는 전체 공기 덩어리에 영향을 미치지 못하며 공기 덩어리는 단열적으로 행동한다. 따라서 하늘로 높이 올라갈수록 대기는 희박해서 압력이 낮아지므로 기온이 낮아진다.

에베레스트는 만년설로 덮여 있다

높이 8,848m인 에베레스트를 비롯하여 히말라야산맥에 있는 높은 산봉우리에는 더운 여름철에도 만년설이 덮여 있다. 그리고 알프스산맥에 있는 높이 4,810m인 몽블랑Mont-blanc도 '흰 산'이라는 뜻의 프랑스어에서 말해 주듯이 사계절 내내 눈이 녹지 않는다. 이와 같이 높은 산이 추운 것은 위로 올라갈수록 온도가 내려가기 때문인데 이것은 열역학에서의 에너지 보존법칙에 기인한다. 이러한 열역학 1법칙은 날씨와도 깊은 관계가 있다.

미술 | 처치는 미국의 풍경화가로서 산, 폭포, 일몰 등을 묘사하는 큰 풍경을 주로 그렸다. 그의 그림은 사실적인 디테일, 극적인 빛, 탁 트인 전망에 중점

The River of Light, 1877

을 두고 있다. 〈The River of Light〉는 하늘에서 흘러내리는 듯한 빛의 모습을 묘사한 것이다.

단열팽창에 의한 냉각

대기를 이루고 있는 공기 덩어리의 크기는 수 km 이상으로 대단히 거대하기 때문에 공기 덩어리 가장자리에서의 온도나 압력의 변화는 전체 공기 덩어리에 영향을 미치지

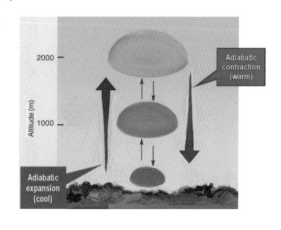

못하며 공기 덩어리는 단열적으로 행동한다. 공기가 위로 올라가면 외부 압력이 더 낮아지므로 부피가 팽창한다. 공기 분자들은 팽창하는 과정에 내부에너지를 사용하므로 감소된 분자들의 내부에너지만큼 공기의 온도는 내려가 높이 올라갈수록 추워진다. 계측 결과 공기가 1km 올

241

라감에 따라 온도는 10°C씩 내려간다. 그래서 높은 산에서는 여름에도 영하의 온도가 유지되어 산꼭대기가 항상 눈으로 덮여 있다. 즉 산꼭대기가 흰 것은 공기가 단열팽창에 의해 냉각되었기 때문이다.

드라이아이스를 만드는 방법

기체 상태의 이산화탄소에 높은 압력을 가하면 액체 상태가 되는데 이를 작은 구멍을 통해 분사하면 급속하게 압력이 낮아지며 단열팽창을 한다. 그 결과 온도가 -78°C 이하로 내려가 이산화탄소의 일부는 고체 이산화탄소인 드라이아이스가 된다.

산악 기상

산은 기류의 흐름을 바꾸는 장애물 역할을 하기 때문에 산에서는 평지와 다른 특이한 기상 현상이 나타난다. 히말라야, 로키, 안데스, 알프스 등의 거대한 산맥은 기류의 흐름을 바꾸어 지역적으로 특수한 계절풍 및 저기압 발생을 좌우한다. 한편 규모가 작은 산들은 지역적으로 국지적인 기상에 영향을 주고 있으므로 산에서는 평지와 다른 특이한 기상 현상이 나타난다.

변덕 많은 산악 기상

드 몸퍼의 작품 〈여행객이 있는 산길〉은 높은 산길을 마차와 도보로

쉬엄쉬엄 통과하는 한 무
리의 시골 여행객을 묘사
하고 있다. 섬세한 인물 묘
사와 멀리까지 펼쳐진 광
대한 자연의 아름다운 풍
경이 조화를 이루며 작품
을 구성하고 있다. 하늘 높

Josse de Momper the Younger, Mountain Road with Travelers, about 1610/1625

은 곳에는 바람을 타고 새가 날고 있다.

미술 | 드 몸퍼는 안트워프에서 활
동한 플랑드르의 풍경화가
이다. 그의 작품은 16세기 후
반의 후기 르네상스에서 17
세기 초반에 발전한 사실주
의 풍경화의 변환기에 놓여
있다. 〈산악 풍경〉은 이러한
변환기의 작품이다.

Mountain Landscape, 1625

물리 | **푄 현상**

공기가 산을 올라갈 때는 습하고 시원한 바람이 불지만 정상 부
근에서 비를 내린 후 수분이 줄어들어 산을 내려갈 때는 따뜻하
고 건조한 바람이 된다. 산악 지역에서 산바람이나 골바람이 위쪽

제3장 | 열

으로 불면 압력이 내려
가고 단열팽창되어 같은
양의 열이 더 큰 부피에
걸쳐 퍼지기 때문에 열
의 손실 없이 냉각되며
수증기가 응축하여 비

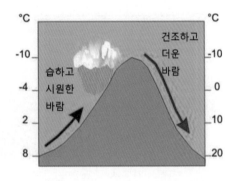

가 내린다. 이 공기가 산의 반대편으로 내려갈 때는 건조하고 잠열
을 포함한 바람이 되어 대단히 더워진다. 대표적인 산악 기상인 푄
현상은 습한 공기가 산악지대의 비탈면을 넘어 경사면을 따라 불
어 내릴 때 고온 건조한 대기로 변하는 현상이다. 바람받이 비탈
면을 따라 상승하는 대기는 응결 고도까지는 단열팽창되어 100미
터당 1℃씩 기온이 하강하나 응결 고도에서 산봉우리까지는 구름
이 생성되어 비가 내리며 잠열의 방출로 인하여 기온은 100미터당
0.5℃씩 하강한다. 한편 산봉우리를 넘어 경사면을 따라 바람이 아
래쪽으로 불 때는 단열압축되어 100미터당 1℃씩 높아진다. 이와
같이 푄 현상은 바람이 산등성이를 따라 정상에 이른 후 하강 기
류를 따라 내려와 따뜻하고 건조한 바람이 불며 그 부근의 기온이
오르는 현상을 말한다. 푄 현상은 푄이라고 하는 알프스산맥에 부
는 국지풍에서 비롯된 것이며 바람이 알프스를 넘었을 때 부는 따
뜻하고 건조한 바람을 말하는데 현재는 일반 용어로 쓰이고 있어
높은 산맥을 넘어 부는 세계 각지의 바람을 푄이라고 한다. 푄 현
상은 매우 건조하므로 이 바람이 계속되면 밭작물은 물론 논농사

까지도 가뭄의 피해를 입으며, 때로는 강한 돌풍을 몰고 오는 경우가 있어서 화재와 같은 심각한 피해를 불러일으킬 수도 있다.

산에 부는 바람

얀 보트는 네덜란드 화가로서 로마에서 수년간 거주하면서 원주민들의 생생한 농촌 풍경을 그리는 부류의 화가들과 교류했다. 그 후 네덜란드에 돌아와 로마에서 경험한 다양한 요소를 풍경화에 결

Jan Both, Italian Landscape with Travellers, 1645/1650

합했으며 그가 즐겨 사용한 그림같이 아름다운 파노라믹한 전망과 투명한 금빛 채색은 후일 네덜란드 화가들이 로마 풍경을 그리는 데 깊은 영향을 주었다. 얀 보트의 〈여행자들이 있는 이탈리아 풍경〉에서는 산과 숲이 금빛 햇살로 채워지고 이탈리아 농부들의 모습으로 생기를 찾는 모습을 묘사했다.

미술 | 얀 보스는 이탈리아풍 네덜란드 풍경화 발전에 중요한 공헌을 한 네덜란드 바로크 화가이다. 그는 로마 원주민들의 농촌 풍경과 로마에서 경험한 다양한 요소를 풍경화에 결합하여 탁 트인 넓은 조

망과 함께 맑고 투명한 금
빛 채색, 인물들의 활기찬
모습 등을 통하여 생생한
느낌의 풍경화를 그렸다.
〈제도공이 있는 이탈리아
풍경〉은 이러한 요소들을
갖춘 풍경화이다.

Italian Landscape with Draughtsman, c.1650

물리 | 산봉우리에 생기는 구름

지면의 공기가 따뜻해지면 밀도가 작아져서 위로 상승한다. 고도
가 높을수록 공기의 밀도가 작으므로 공기는 팽창하며 주위의 공
기를 밀어내는 일을 하게 되므로 한 일만큼 내부에너지가 줄어들
고 온도가 낮아진다. 실제로 대기의 평균온도는 1,000미터 올라갈
수록 5.5℃씩 낮아진다. 온도가 내려감에 따라 공기에 포함된 수증
기가 포화 상태를 넘으면 수증기가 액화하여 물방울이 되어 구름
을 만든다. 그래서 산봉우리 주위에 흔히 구름이 생기는 것을 볼
수 있다.

산악 지역의 바람

산바람과 골바람은 전 세계적으로 일어나고 있으며 지역에 따라 그
명칭도 다르다. 그중에 알프스산맥의 푄 지역에 부는 푄 바람이 가장 잘
알려진 산악 지역의 바람이며 미국에서는 서쪽 해안을 따라 로키산맥

에서 동쪽으로 부는 건조하고 따뜻한 푄 바람을 치누크, 남가주를 가로질러 서쪽으로 부는 사막 바람을 산타아나, 샌프란시스코 지역에 부는 캘리포니아 푄 바람을 디아블로라고 한다. 이 외에도 아르헨티나의 안데스산맥을 가로질러서 부는 푄 바람인 존다, 남아프리카의 내륙 평원에 부는 겨울철 푄 바람인 베르크, 뉴질랜드의 캔터베리평원에 부는 가뭄을 몰고 오는 북서쪽의 건조한 강풍인 노르웨스터 등이 있다.

눈을 녹이는 겨울 바람

히긴스는 아메리카 원주민 여성의 초상화를 종종 그렸으며 〈봄비〉에서는 장엄한 풍경화 가운데 말을 탄 두 명의 인디언을 특징으로 하는 그림을 그렸다. 이 작품에서 화가는 구름에 둥그렇게 둘러싸인 엘살토산 봉우리와 아래쪽에 물이

Victor Higgins, Spring Rains, 1924

범람한 밝은 골짜기를 묘사하면서 활기 넘치는 팔레트에 반짝이는 대기를 그리고 있다. 그의 그림에서는 지나가는 구름이나 흘러가는 시간과 계절에 따라 들판이나 산의 크기와 색이 변화한다는 것이 느껴진다.

미술 │ 히긴스는 미국의 풍경화가로 산과 계곡을 주제로 삼았으며 특히
　　　미국 원주민들의 초상화를 그렸다. 그의 작품 〈Fiesta Day〉는 다른

어느 나라로부터도 간섭받지 않고 독립적으로 살고 있는 Taos 부족을 묘사하고 있다.

Fiesta Day, 1920

물리 | 치누크 바람

겨울에 바람이 불면 체감온도가 내려가서 더 춥게 느껴진다. 그러나 쌓인 눈을 밤새 녹여주는 따뜻한 바람이 있다. 치누크 바람은 북아메리카 서쪽의 내륙 지방에 부는 고온 건조한 바람으로써 태평양 쪽에서 불어온 바람이 로키산맥을 넘으면서 생긴 푄 현상이다. 산악 지역에서 위로 올라가는 습기 찬 바람은 온도가 내려가면서 구름을 형성하고 비를 내리기도 한다. 이러한 바람이 반대편 산등성이를 따라 내려오면 공기가 압축되므로 건조하고 따뜻해진다. 특히 산을 올라가면서 비를 내렸기 때문에 건조해진 공기는 산을 올라가면서 시원해진 것보다 훨씬 더 더워지므로 기온의 갑작스러운 상승효과를 가져온다. 치누크 바람은 겨울철 기온을 불과 몇 분 만에 20℃나 상승시키기도 하고 몇 시간 또는 며칠 만에 영하 20℃에서 영상 10~20℃까지 올려놓기도 한다. 또한 치누크 바람은 30cm 깊이의 눈을 하루 만에 녹여 눈사태나 홍수를 유발하기 때문에 이 지역에 살던 인디언들은 '눈을 잡아먹는 바람snow-eater'이란 뜻으로 치누크라고 했다.

되돌아온 여름 더위, 인디언 서머

캘리포니아 지역에는 인디언 서머Indian Summer가 있다. 여름이 다 지난 10월이나 11월에 갑자기 여름보다 날씨가 더 더워지는 현상을 말한다. 그 이름은 인디언들이 가을 속에 찾아오는 따뜻한 날씨 속에서 겨울을 나게 될 양식을 준비한다고 해서 생긴 것이다. 인디언 서머의 원인은 대륙에서 건너와 변질된 아열대 고기압권의 영향 때문이거나 강한 푄 현상으로 인한 고온현상이기도 하다.

인디언 서머는 유럽에서도 나타나는데 이들은 여러 가지의 이름으로 불리고 있다. 프랑스, 이탈리아, 스페인 등에서는 성 마틴의 여름, 네덜란드에서는 성 미카엘의 여름이라고 한다. 벨기에, 헝가리, 러시아에서는 늙은 숙녀의 여름, 불가리아에서는 집시의 여름이라고 한다. 독일과 오스트리아에서는 황금의 시월이라고 한다. 중국에서는 호랑이의 가을秋老虎이라고 하는데 중국 남부 지방에서는 11월까지 맹렬한 더위가 지속된다. 남반구에도 인디언 서머의 현상이 나타나는데 브라질에서는 5월의 작은 여름이라고 하며 가을철에 짧은 기간 동안 더위가 찾아온다. 호주에서는 4월과 5월 사이에 날씨가 더워진다. 요즘은 인디언 서머란 서리가 내린 10월 하순부터 11월 중순 사이에 온도가 20°C 이상인 맑은 날씨를 의미한다.

높새바람

우리나라에서는 태백산맥이 영동과 영서의 기상을 확연하게 구분하고, 개개의 산은 큰 규모의 기상현상을 지역적 특성에 따라 변화시키고 있다.

　우리나라의 국지풍으로 잘 알려진 것으로 높새바람이 있다. 높새바람은 여름에서 초가을에 걸쳐 차고 습기를 띤 한대 해양성 기단이 오호츠크해 고기압을 이루어 동해까지 확장하여 장기간 정체할 때 북동풍이 불어오는데, 태백산맥의 동쪽에서 서쪽으로 공기가 불어 올라갈 때 수증기가 응결되어 비나 눈을 내리면서 상승하게 된다. 이때 고도가 높아지면서 기온은 대략 고도 100미터당 약 0.5℃ 정도가 내려간다. 그러나 비를 내린 뒤 건조해진 공기가 태백산맥의 서쪽으로 불어 내릴 때는 비열이 낮아져서 100미터당 약 1℃ 정도 올라간다. 이와 같이 태백산맥의 동쪽 사면과 서쪽 사면에서의 비열 차에 의하여 산을 넘은 공기는 기온이 상승한다. 결국 태백산맥의 서쪽 지역에는 온도가 높고 건조한 바람이 불게 되고, 이 때문에 이상 고온 현상과 함께 비가 적게 내리게 되어 가뭄, 건열 등이 발생한다. 높새바람은 주로 태백산맥 서쪽의 경기도를 중심으로 충청도와 황해도에 걸쳐 영향을 미치며, 때로는 서해안 및 도서 지방과 평안도까지 그 영향이 확대될 때도 있다. 높새바람은 매우 건조하여, 농작물에 가뭄 피해를 주며, 심한 경우에는 말라 죽게 되는 수도 있다.

? 높새바람에 울고 웃는 농민들

높새바람이 불면 날씨가 맑고 기온이 높아지며 매우 건조해진다. 이 시기는 벼농사에 중요한 때이므로 예로부터 영서 지방의 농민들은 초목이 말라 죽으니 녹새풍(綠塞風)이라고도 하고, '7월 동풍 벼를 말린다'하여 살곡풍(殺穀風)이라고도 했다. <고려사>에는 "인종 18년(1140)에 샛바람이 5일이나 불어 백곡과 초목이 과반이나 말라 죽었고, 지렁이가 길 가운데 나와 죽어 있는 것이 한 줌가량 되었다."라고 기록되어 있다. 또, 강희맹의 <금양잡록>에 의하면 "영동 지방은 바람이 바다를 거쳐 불어와 따뜻해서 쉽게 비를 내리게 하여 식물을 잘 자라게 하나, 이 바람이 산을 넘어가면 고온 건조해져 식물에 해를 끼친다"라고 했다. 그래서 영동 사람들은 농사철에 동풍이 불기를 바라고, 호서, 호남, 경기 사람들은 동풍을 싫어하고 서풍이 불기를 바랐다고 한다.

? 속담을 통한 기상 예측

지금과 같은 일기 예측 장비가 없었던 시절에는 경험을 통해 날씨를 예측했다. 어떻게 기상 예측을 했는지는 날씨에 관한 속담에서 알 수 있다.

· 높새바람 불면 비가 안 온다.
높새바람은 산맥을 넘어올 때 비를 다 내리고 기온이 상승한 후에 불어오는 바람이므로 고온 건조하여 비가 오지 않는다는 뜻.

· 새파람이 불면 비가 온다.
새파람은 동풍 계열의 바람으로서 온난전선의 전면에서 불기 때문에 동풍이 불면 머지않아 전선의 통과에 따른 비가 예상된다는 말이다. 즉 온대저기압을 중심으로 동풍(새파람)이 불어오는 방향 쪽에 악천후가 형성된다.

단열압축

기체에 열을 가하면 부피가 팽창되지만 열을 가하지 않고도 부피가 팽창되는 수가 있다. 이때는 내부에너지가 감소하며 온도가 저하된다. 이와 같이 부피를 증가시키는 방법에는 열을 가하는 가열과정과 단열 과정이 있다. 가열과정에서는 열을 가하면 공기의 온도가 상승하고, 열을 빼내면 온도가 내려간다. 또한 단열과정에서는 압력을 가하면 공기의 온도가 상승하고, 압력을 줄이면 온도가 내려간다. 따라서 단열압축 과정에서는 열을 가하지 않아도 뜨거워진다.

단열압축은 일을 받아들이고 열을 방출하는 열 사이클이므로 단열압축 동안에는 온도가 올라간다. 단열이 되어 있는 실린더를 압축하면 외부에서 일을 가하는 것이므로 실린더 내에서는 온도가 올라간다.

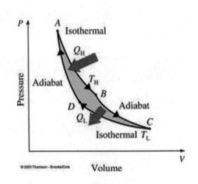

자전거 바퀴를 펌프질하면 공기가 더워진다

자전거 바퀴에 공기를 넣기 위하여 펌프 질을 하면 타이어 내의 공기가 압축되어서 공기의 내부에너지가 증가하므로 온도가 상승한다.

디젤 엔진에는 점화기가 없다

가솔린 엔진은 공기와 연료를 섞은 혼합기체에 점화장치로 불꽃을 터뜨려 폭발시키지만 디젤 엔진은 실린더 내부를 고압으로 만들어 온도를 상승시키기 때문에 점화장치 없이 연료를 자체 폭발시킨다. 자체 폭발을 일으키면 연료가 골고루 동시에 폭발을 하게 되므로 연소율이 높아지고 결과적으로는 연비가 좋아지는 효과를 가져온다.

디젤 엔진

가솔린 엔진

공중에서 비행기 내부의 온도 조절

고공에서는 기온이 영하 35℃ 정도로 아주 낮지만 비행기 내부는 20℃ 정도의 실온을 유지하고 있다. 비행기 내부의 공기를 쾌적하게 유지하려면 외부의 공기를 끌어들여야 되는데 외부의 기압이 낮으므로 기내의 기압과 일치시키는 과정에서 바깥 공기의 온도가 기내보다 오히려 더 높아진다. 따라서 외부에서 공기를 끌어들일 때는 찬 공기를 더 차갑게 냉각시켜야 한다.

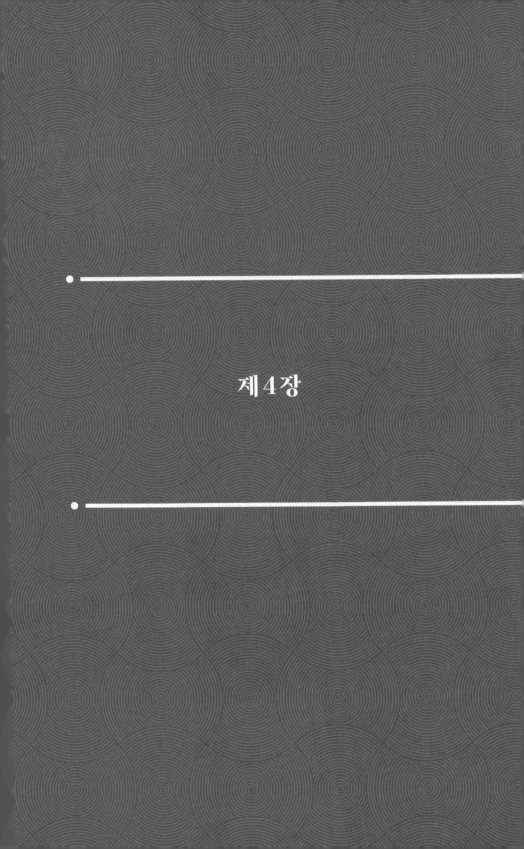

제 4 장

소리

Edgar Degas, Café Singer, 1879

드가는 〈카페 가수〉에서 노래를 부르고 있는 가수의 모습을 가까이서 생생하게 묘사함으로써 관객을 나이트클럽의 무대로 끌어들인다. 아래에서 비스듬히 위로 향하는 강한 조명은 고개를 뒤로 젖힌 채 노래를 하는 가수의 목을 밝게 비추고 이마와 눈 주위에는 어두운 그림자를 남겨 두고 있어 무서운 느낌과 동시에 신비로움을 안겨준다. 이 그림에서 흐릿한 녹색 배경으로 그린 가수의 검은색 옷이 전반적인 윤곽으로 정해진 가운데 노래하는 가수의 입과 손의 제스처를 강조하고 있으며 머리와 가슴에 꽂은 빨간 꽃은 그림에 한층 활기를 더해준다.

물리 | 보이지는 않아도 소리는 들린다

누군가 담장 뒤에서 이야기를 하고 있으면 눈에는 보이지 않지만 귀에는 소곤거리는 소리가 들린다. 이렇게 장애물이 있을 때 눈에는 아무 모습도 보이지 않지만 귀에는 소리가 들리는 것은 파장이 짧은 빛은 직진하는 반면에 파장이 빛보다 수천만 배 긴 소리는 장애물을 에워싸고 돌아가는 특성이 있기 때문이다. 소리가 전파되기 위해서는 소리를 전달하는 매질이 필요하며 진공 중에서는 소리를 들을 수 없다. 소리는 매질 속을 진행하다가 매질이 균일하지 않을 때는 굴절하기도 하고 다른 종류의 매질을 만나면 반사하기도 한다. 또한 장애물을 만나면 휘어지는 회절현상이 일어나며 소리가 중첩되면 간섭현상이 일어난다.

1. 소리의 주파수

소리는 주파수에 따라 우리가 들을 수 있는 소리도 있고 몇몇 동물들만 들을 수 있는 초저주파 및 초음파도 있다. 특히 초음파는 의료용이나 진단용으로도 많이 사용되고 있다.

가청주파수
소리를 듣는 귀

뷔야르의 초상화 〈뷔야르 부인의 옆얼굴〉은 정밀한 표현과 풍부한 색채 효과로 인물을 세부적으로 묘사하면서 배경을 인물과 대조를 이루도록 하여 인물을 돋보이도록 표현했다. 특히 귀, 코, 눈 등의 감각기관이 시선을 끈다.

Edouard Vuillard, Madame Vuillard in Profile, About 1888

물리 | 진동은 음파를 만들며 공기나 물 등의 매질을 통과하여 귀에 도달한다. 사람이 들을 수 있는 소리의 주파수는 20-20,000Hz이며 이 범위를 벗어난 소리는 들을 수 없다. 소리의 주파수가 클수록 고음으로 들리고 주파수가 작을수록 저음으로 들린다. 예를 들어 네

번째 옥타브의 7음계 주파수는 도(262Hz), 레(294Hz), 미(330Hz), 파(349Hz), 솔(392Hz), 라(440Hz), 시(494Hz) 등으로 음계가 높아질수록 주파수가 커진다.

초음파

주파수 20,000Hz 이상의 소리를 초음파라고 하는데 이것은 인간이 들을 수 있는 소리보다 진동수가 높은 소리이다. 소리는 주파수가 높을수록 퍼지지 않고 빛처럼 직진하는 특성이 있어서 파장이 아주 짧은 초음파를 이용하면 눈으로 보는 것처럼 물체의 위치를 정확하게 파악할 수 있다. 그러나 초음파는 매질을 전파하면서 에너지 소비가 심하므로 멀리까지 전달되지는 못하고 짧은 거리에만 도달한다. 초음파는 투과력이 강하므로 의료 진단, 재료 검사와 함께 많은 과학 연구 분야에 활용되고 있다.

박쥐는 어두운 동굴에서도 날 수 있다

박쥐는 시력이 나빠서 거의 볼 수 없지만 30,000~80,000Hz의 초음파를 이용하여 어두운 동굴에서 쉽게 날아다니고 먹이도 잡고 서로 의사소통도 한다. 어떤 의미에서 박쥐들은 빛과 함께 소리로 물체를 볼 수 있다. 초음파는 소리이기는 하지만 파장이

짧으므로 빛처럼 직진하는 성질이 있는데 주파수가 높을수록 멀리 퍼져나가지 못하므로 박쥐의 초음파는 20미터 이상 전달되기 어렵다. 돌고래 역시 초음파를 이용해 의사소통을 하며 먹이를 찾는다.

해충을 퇴치하는 초음파

모기는 초음파를 발생시키고 들을 수 있다. 특히, 사람의 피를 빨아먹는 암컷 모기는 여름철 알을 낳을 때가 되면 수컷 모기를 피하므로 수컷 모기가 내는 초음파를 발생시키면 암컷 모기가 근처에 접근하지 않는다. 따라서 초음파는 모기향이나 모기약과 같은 화학물질을 전혀 사용하지 않고 방 안에 있는 모기를 몰아낼 뿐 아니라 초음파를 건물의 벽에 작용시킴으로써 벽 내부에 살고 있는 해충에도 스트레스를 주어 퇴치하는 효과가 있다.

금반지를 삼킨 거위

거위가 금반지를 삼켰는데 한 청년이 반지 도둑으로 오해를 받아 감옥에 갇혔다. 그는 너무나 분하여 자신의 배를 갈라서 결백함을 주장하려 했다. 마침 지혜로운 그의 친구가 그를 만류하며 한참을 기다린 끝에 거위의 배설물에서 없어진 금반지를 발견하여 위기를 모면했다는 옛날이야기가 있다. 옛날에는 배 속을 볼 수 없으므로 거위가 배설해서 몸 밖으로 빠져나올 때까지 기다려야 가능했던 일도 요즘은 초음파 사진을 찍어보면 거위의 배 속에서 없어진 물건을 금방 찾을 수 있게 되었다.

세제가 필요 없는 초음파 세척

초음파를 이용하면 세제를 사용하지 않고 물체의 표면에 부착돼 있는 오염을 세척할 수 있다. 물속에서 초음파를 발생시키면 음파의 진동에 의해 유체의 분자 간에 응집력이 파괴되고 미세한 기포들이 발생한다. 이 기포들은 매초 수만 개 이상 발생과 소멸을 반복하며 순간적으로 1,000기압 이상의 압력과 열을 발산한다. 초음파 세척은 이러한 효과를 이용하여 물건의 표면과 보이지 않는 곳까지 전혀 손상을 입히지 않으면서 단시간 내 세척한다. 또한 음파가 1초에 수만 번씩 물을 진동시키기 때문에 빨래 방망이로 두드려서 세탁하는 효과를 나타내기도 한다. 이러한 초음파의 세정효과를 이용한 제품이 안경점이나 귀금속 상점에서 사용하고 있는 초음파 세정기이다.

초음파는 배 속의 아기도 볼 수 있다

로마의 폭군 네로 황제는 사람의 몸속에서 어떤 일이 일어나는가를 알고 싶어서 임산부의 배를 갈라서 태내의 아이를 보았다는 말도 전해져 내려온다. 그러나 요즘은 초음파를 이용하여 신체를 전혀 손상시키지 않고 몸속을 눈으로 보듯이 알 수 있으며 배 속에 든 태아가 아들인지 딸인지도 구분할 수 있을 정도이다. 최근에는 초음파를 이용한 각종 첨단 건강 검진기가 개발되어 사용되고 있을 뿐 아니라 음파 칫솔, 렌즈 세척기 등 생활용품으로 적용 범위가 다양해지고 있다.

초음파 의료 진단

의학에서는 초음파를 임산부의 복부에 발생시키고 태아로부터 반사되어 온 음파를 분석하여 태아 검사에 초음파를 사용한다. 태아의 형상뿐 아니라 아들인지 딸인지 성별도 구분할 수 있고 태아의 움직이는 모습도 실시간으로 관찰한다. 또한 간경화, 간 지방 초음파 검사 등의 의료 진단에도 초음파를 사용한다.

돌고래는 초음파로 의사소통을 한다

돌고래가 사용하는 주파수의 영역대는 2,000~200,000Hz이며 의사소통이나 물체의 위치, 거리, 크기, 방향 등을 파악하기 위해 초음파를 사용한다. 그러나 돌고래들은 의사소통으로 초음파 외에 휘파람 같은 소리나 딱딱거리며 진동하는 소리를 내기도 한다. 휘파람과 같이 멜로디를 지닌 소리는 어미와 새끼 사이에, 혹은 전략적인 사냥 시에 연락을 주고받기 위해 쓰이고 진동하는 소리는 같은 먹이를 두고 경쟁할 때처럼 매우 공격적인 상황에서 충돌을 피하기 위해 낸다.

수심 측정

수심의 측정은 초음파를 이용해서 측정할 수 있다. 수심측정기는 바다의 바닥을 향해 소리를 내보낸 후 그 소리가 반사되어 오는 시간을 측정하여 바닥까지의 거리를 측정한다. 수심 측정에 주파수가 낮은 소리를 사용하지 않는 이유는 물의 밀도와 움직임에 따라 굴절이 심하기 때문이다.

어군 탐지기

어군 탐지기는 초음파를 발사한 후 물
고기 떼에 의해 반사되어 돌아온 음파를
탐지하여 발신부터 수신까지의 왕복 시
간을 거리로 환산해 어군까지의 거리를
구한다. 어군의 밀도가 높으면 초음파가
강하게 반사되기 때문에 반사파의 강약
에 따라 어군의 크기나 밀도를 알 수 있다.

텔레비전 리모컨

사진기의 자동 초점 장치, 가습기 등 가정에서도 초음파가 널리 이용
되고 있다. 텔레비전을 켜고 끈다든지 채널을 바꾸어 주는 리모컨도 초
음파를 이용하고 있다. 그런데 초음파는 손을 투과하지 못하기 때문에
리모컨의 앞 부분을 손으로 가리면 텔레비전을 작동시킬 수 없다.

초저주파

주파수 20㎐ 이하의 소리를 초저주파라고 하는데 이것은 인간이 들을
수 있는 소리보다 진동수가 낮은 소리이다. 초저주파는 파장이 길어서
나무나 숲에 의한 소리의 감쇄가 작다. 예를 들어 주파수 10㎐인 초저주
파는 주파수 1㎑인 가청주파수보다 회절이 1/10,000로 줄어든다. 이러
한 이유로 초저주파는 먼 거리까지 전달될 뿐 아니라 빌딩이나 숲, 심지
어는 산도 관통한다. 초저주파는 화산의 폭발, 풍차의 회전 등에서 발생

하기도 하며 동물 중에도 초저주파를 이용하여 의사전달을 하는 동물들이 있다.

코끼리는 아주 낮은 소리도 들을 수 있다

코넬리스 코트는 조각가이자 판화제도가였다. 〈자마의 전투〉는 기원전 202년 카르타고의 외곽에 있는 자마에서 로마의 스키피오 아프리카누스 장군이 카르타고의 강력한 코끼리 부대를 대동한 한니발의 군대를 무찌르는 전투 장면을 묘사한 판화 작품이며 밝은 색깔과 화려한 금빛으로 나타낸 것이 특징이다.

Cornelis Cort, The Battle of Zama, After 1567

물리 | 이십 리 밖에서 수컷을 유혹하는 암 코끼리

사람들은 가까운 거리에서 대화를 한다. 우리는 아무리 크게 소리쳐도 100미터 이상 떨어진 곳에서는 거의 들을 수 없다. 그러나 발정한 암컷 코끼리가 내는 소리는 20리 이상이나 떨어져 있는 곳에서 수컷 코끼리가 들을 수 있으며 두 코끼리는 이 소리를 통해서 서로 만난다. 코끼리가 이렇게 멀리까지 소리를 보낼 수 있는 것은 초저주파 소리 때문이다. 암컷 코끼리가 발정기에 이르러 내는 소리는 진동수가 5~50Hz인데 진동수가 낮은 소리는 파장이 길어 장애물에 의해 쉽게 산란되지 않아 나무가 울창한 산림 속에서도 멀리까지 전달된다. 이것이 암컷 코끼리가 멀리 있는 수컷과 밀림에서 만나 짝짓기를 할 수 있는 이유다.

호랑이 "어-흥" 소리에 오금이 저리다

호랑이의 포효는 여러 가지 진동수를 가지고 있는데 그중에는 18Hz 이하의 낮은 소리도 포함되어 있다. 이러한 낮은 진동수의 소리는 우리 귀에 들리지는 않지만 불안감과 두려움, 또는 무서운 느낌을 준다. 호랑이는 이러한 낮은 주파수의 소리를 이용하여 경쟁자들을 자기 영역에서 쫓아내거나 짝을 구하고, 의사소통을 한다. 최근의 연구에 따르면 호랑이는 울음소리만으로도 상대를 마비시킬 수 있다는 사실이 확인되었다. 옛날에 호랑이의 으르렁거리는 포효에 힘센 장정이 도망도 못 가고 벌벌 떨고만 있었다는 이야기를 과거에는 단지 호랑이가 무서우니까 그랬을 거라고 생각했지만, 이것은 호랑이의 소리 중에 들어 있는 초저주파 성분 때문이라는 사실이 밝혀진 것이다. 호랑이, 코끼리 외에도 고래, 코뿔소, 기린 등의 동물들이 저주파를 이용하여 멀리 떨어진 동료들과 의사소통을 한다.

초저주파를 이용하는 동물들

코끼리, 호랑이 이외에도 멀리 떨어진 동료와의 의사소통에 초저주파를 이용하는 동물에는 기린, 코뿔소, 고래 등이 있다. 이들은 주파수가 아주 낮은 소리를 냄으로써 먼 거리까지 의사소통이 가능하다. 공룡이 초저주파를 냈다는 주장도 있다. 약 7,500만 년 전에 살았던 파라사우롤로포스 공룡의 화석을 컴퓨터 단층촬영으로 분석해 입체 모형을 만들어 공기를 불어 넣었더니 트롬본처럼 매우 주파수가 낮은 묵직한 소리가 난 것이다.

베스비우스 화산의 폭발

볼레어는 1770년대에 이탈리아의 인기 있는 명소인 베스비우스산의 분출 광경을 많이 그렸다. 그 당시에는 화산 활동이 많이 일어나서 자연 활동으로서의 화산에 관한 관심이 과학, 철학, 문학에서도 컸다. 〈베스비우스 화산의 분출〉에는 타오르는 바다, 녹은 용암과 함께 가까운 나

Jacques-Antoine Volaire, The Eruption of Vesuvius, 1771

폴리와 유럽 전역에서 이를 구경하러 온 사람들의 모습까지 작게 묘사하고 있다. 그림의 왼쪽 바위에 앉아 있는 사람은 이 장면을 기록하는 화가 자신이다.

물리 | 초저주파

화산이 분출될 때는 초저주파가 발생되기도 한다. 이러한 낮은 진동수의 소리는 우리 귀에 들리지는 않지만 대부분의 사람들이 구토나 어지럼증을 포함하여 안절부절못하는 등 불안감과 두려움, 또는 무서운 느낌을 받는다. 초저주파는 사람의 귀에는 들리지 않아 낯설게 여겨지지만 자연계에선 서로의 위치 정보를 주고받는 등 다양한 용도로 쓰인다.

미술 | 볼레어는 프랑스의 풍경화가로서 나폴리를 방문했다가 베스비우스 화산의 분출을 보고 깊은 감명을 받아 그곳으로 이사를 했다. 그로부터 2년 후 1771년 5월 14일에 본격적으로 화산이 분출될 때까지 기

Vesuvius Eruption, 1777

다렸다가 분출 장면에 영감을 받아 베스비우스 화산의 연작을 그렸다. 그는 종종 화산 활동이 맹렬한 장소를 찾아 베스비우스의 골짜기 사이에 있는 능선에 이젤을 놓고 용암을 구경하려고 유럽

전역에서 몰려든 여행객을 포함하여 화산의 분출 모습을 그렸다. 〈베스비우스 화산의 분출〉은 화산 분출의 야간 장면을 통해 자연의 장관과 경이로움을 표현한 그의 연작 중 한 작품이다.

자연재해를 예보하는 초저주파

화산, 토네이도, 태풍뿐 아니라 유성과 지구의 충돌과 같은 대규모 자연재해에서는 초저주파가 발생된다. 따라서 초저주파음을 분석하면 유성이 충돌한 지점을 발견할 수 있다. 또한 화산 활동도 미리 알 수 있어 화산이 곧 폭발할지 아닐지 등의 예보에도 활용할 수 있다. 따라서 최근에는 자연재해를 미리 예측하고 알림으로써 인간의 피해를 최소화하기 위하여 초저주파 관측소를 설치하여 활용하고 있다. 동남아 일대를 비롯하여 일본 등 지구상에서 엄청난 피해를 가져왔던 '쓰나미'도 초저주파 관측소에서 관측된 바 있다.

들리지 않아도 퍼져 나가는 소리

"언어가 없고 말하는 소리도 없고 들리는 소리도 없으나 그 소리들은 온 땅에 두루 퍼지고 땅 끝까지 퍼져 나간다."(시편 19:3~4) 성경 구절 중에는 들리지 않는 소리를 언급하고 있으며 그 소리가 오히려 더 멀리까지 퍼져 나간다고 말하고 있는데 이는 초저주파의 성질과 일치되는 음파이다.

풍차의 들리지 않는 소음공해

초저주파의 발생원은 화산 폭발, 지진, 토네이도 등의 자연적인 것뿐 아니라, 풍차의 터빈과 같은 인공적인 것 등이 있다. 초저주파는 인간에게 들리지는 않지만 신경질적인 피로감을

느끼게 한다. 풍력 발전 단지 근처에 살고 있는 사람들은 초저주파 잡음에 노출이 되어 영향을 받을 수 있다. 초저주파는 두통, 메스꺼움, 어지러움 등을 동반한 뱃멀미와 유사한 증세를 나타낸다. 따라서 초저주파는 조용히 우리들의 건강을 해치는 치명적인 공해로 알려져 있다.

2. 소리의 크기

단위

소리는 진동에 의해 발생된다. 진동은 음파를 만들며 공기나 물 등의 매질을 통과하여 귀에 도달한다. 소리의 세기는 데시벨dB이라는 단위로 나타낸다. 우리가 들을 수 있는 소리의 크기는 범위가 대단히 크므로 로그 스케일을 사용한다. 즉 소리가 10데시벨 커질 때마다 소리의 세기는 10배로 증가한다. 그러므로 100데시벨의 소리는 10데시벨보다 10배 큰 소리가 아니라 109배, 즉 10억 배 더 큰 소리다.

William Powell Frith, The Lovers, 1855

제4장 | 소리

연인들의 속삭임

프리스는 〈연인들〉에서 영국을 배경으로 한 연인들의 사랑을 묘사했다. 여자는 수줍어하며 손에 든 꽃을 바라보고 있으며 남자는 무언가 이야기를 꺼내려고 주저하고 있다.

미술 | 프리스는 빅토리아 시대의 장르 주제를 전문으로 하는 영국 화가로서 영국 사회의 삶을 묘사했다. 그는 공공장소에서 만나고 상호 작용하는 빅토리아 계급 시스템의 전체 범위를 묘사하는 복잡한 다중 그림 구성을 만들었다. 그

The Derby Day, 1856/1858

The Railway, 1862

의 대표작인 〈The Derby Day〉는 Derby의 전경을 보여주는 대형 유화로써 경마장에서 군중 사이의 장면을 세부적으로 묘사했다. 또한 〈The Railway〉는 철도역에 모인 승객들의 행동과 표정을 섬세하게 표현하고 있다.

물리 | 연인들이 속삭이는 소리의 크기는 30데시벨 정도이다.

Jean-Francois Raffaelli, Afternoon Tea, About 1880

Les declasses, 1881

티타임의 대화

라파엘리의 〈오후 티타임〉은 19세기 파리 시민들의 일반적인 가정생활의 한 단면을 사실주의적으로 표현한 작품이다.

미술 │ 라파엘리는 프랑스의 사실주의 화가이자 조각가, 판화가이다. 그는 파리 교외의 농민, 노동자, 넝마주이를 데생을 하는 듯한 화풍으로 사실적으로 묘사했다. 그의 묘선은 리드미컬하며 색조가 부드러운 매력을 지니고 있다. 〈Les declasses〉는 고된 일과를 마치고 독주를 마시고 있는 노동자들의 생활의 단면을 보여주고 있다.

물리 │ 노년의 부부가 낮은 목소리로 하는 대화는 50데시벨 정도이다.

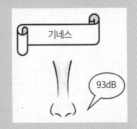
발레 공연장에서

포랭은 빛과 색깔에 관 하여 인상파의 영향을 받 았으며 일상생활의 장면을 즐겨 묘사했다. 그는 파리 장들의 인기 있는 연예에 초점을 두었으며 현대성을 주제로 한 경마장, 발레, 희가극, 붐비는 카페 등을

Jean Louis Forain, In the Wings, 1899

주제로 했다. 〈날개에서〉는 발레 공연장에서 휴식 시간의 한 단면을 묘 사하고 있다.

물리 | 가까이 마주 서서 하는 일반적인 대화의 크기는 60데시벨 정도이다.

과학, 명화에 숨다

William Glackens, At Mouquin's, 1905

식당에서의 대화

글래큰스의 〈무캥 레스토랑에서〉는 화가의 서클 멤버들이 자주 모이는 뉴욕의 한 레스토랑에서 멤버들의 모습을 그린 것이다. 그림에 등장하는 인물들은 무캥 부인, 그녀와 함께 술을 마시는 부유한 바람둥이 사업가, 그리고 거울에 비치는 다른 여러 명의 멤버들이다. 글래큰스는 활기찬 붓질로 무캥 부인의 드레스를 생기 있게 그리는 반면 그녀의 얼굴은 긴장감과 의문스러운 눈빛으로 무엇인가를 응시하는 모습을 묘사하고 있다. 화가는 인물화와 일상생활을 결합함으로써 현대 도시생활의 새로운 사교 활동과 그에 따른 불안정한 상태를 적나라하게 묘사하고 있다.

미술 | 글래큰스는 미국의 사실주의 화가이며 초기에는 어둡고 생생하게 거리 풍경을 표현하고 제1차 세계대전 이전의 뉴욕과 파리의 일상생활 모습 등을 묘사했다. 후기에는 오일의 유연성과 강한 색상의 효과에 중점을 두고 초상화와 정물을 주로 그렸다. 〈바이올린을 들고 있는 소녀〉는 현대 도시생활의 한 단면을 묘사한 것으로 르누아르의 영향을 강하게 받은 작품이다.

Girl with Violin, c.1917

물리 │ 일상의 대화는 60데시벨 정도이다.

아가씨들의 수다

존 슬론은 20세기 초의
변화하는 사회적 구조
를 그의 그림에 그렸다.
〈렝가네쉬의 토요일 밤
〉에서 화가는 뉴욕의 평
범한 이탈리아 식당에서
수다를 떨고 있는 세 명
의 직장 여성들에 초점

John Sloan, Renganeschi's Saturday Night, 1912

을 맞춰서 중앙 테이블에 그렸다. 그 당시 남성의 동행 없이 여성들끼리
만 도시의 공공장소에 나타나 사교생활을 하는 것은 흔치 않은 모습이
었는데 작가는 여성들만의 모임을 묘사함으로써 새로 발견된 여성들의
자유를 강조하고 있다. 화가는 여성들이 다리를 의자 아래에서 꼰다든
지 새끼손가락을 너울거리는 '숙녀답지 않은' 몸동작을 통해서 그녀들
이 사회의 하층계급이라는 것을 나타내고 있다. 격식을 차리지 않은 스
타일과 느슨한 붓질은 도시에서 새로운 시대를 맞는 여성들의 여가 장
면을 여과 없이 생기 있게 보여주고 있다.

미술 │ 존 슬론은 사람 냄새가 나는 그림을 그리고자 풍요와 빈곤이 공존
　　　하는 뉴욕의 활기찬 일상과 소란스러운 분위기, 그리고 투박하면

서도 거친 생활 풍경을 사
실적으로 그렸다. 그는 뉴
욕 시내에 거주하면서 도
시 풍경을 낙천적인 시선
으로 묘사했으며 평범한
풍경에 시적인 감수성과
낭만을 표현했다. 대표작

McSorley's Bar, 1912

〈McSorley's Bar〉는 역사가 있는 맥줏집 분위기를 담고 있어 다정
함을 안겨주고 있다.

물리 | 카페에서의 잡음은 80데시벨 정도이다.

사람의 귀가 들을 수 있는 소리의 크기

우리의 귀로 들을 수 있는 가장 작은 소리는 낙엽이 떨어질 때 나는
소리로 0dB이며 이를 가청한계라고 한다. 나뭇잎이 살랑거리는 소리
는 10dB, 가까이서 조용히 속삭이는 소리의 세기는 20데시벨이다. 연
인이 귀엣말을 속살일 때는 40dB, 조용한 찻집에서 대화를 나눌 때는
55~60dB이다. 소리의 세기가 80~90dB 이상이면 불쾌하거나 귀에 무
리가 올 수 있다. 전자오락실과 PC방은 85dB, 영화관 공사장 비행장 지
하철역 등은 90dB, 노래방, 공장, 체육관 등은 100dB, 나이트클럽이나
사격장의 소음은 110dB이다. 소리의 크기가 120dB이 되면 청각에 심
한 고통을 느끼며 고막이 파열될 수 있다. 따라서 120dB을 사람이 들을

수 있는 소리의 한계치로 정하며 이를 고통한계라고 한다. 따라서 우리가 들을 수 있는 소리의 크기는 0~120dB이다. 이는 우리가 들을 수 있는 가장 작은 소리와 고막이 떨어져 나갈 정도로 가장 큰 소리의 크기는 1조 배나 되어 사람의 귀가 들을 수 있는 소리의 크기는 대단히 넓은 영역에 걸쳐 가능함을 알 수 있다.

흥겨운 놀이

오스타데는 농부를 주제로 한 작품을 전문으로 했으며 분명하고 비교적 밝은 색깔과 미세한 붓질을 통하여 17세기 후반의 네덜란드 시골생활을 거울과 같이 비추어 주고 있다. 〈여관에서 흥을 돋우는 사람들〉에서는 시골 인물들을 선명하게 특징화시켜 묘사하면서 시골의 즐거움을 예의 바르고 품위 있게 만끽하고 있는 것을 보여주고 있다.

Adriaen van Ostade, Merrymakers in an Inn, 1674

미술 | 오스타데는 네덜란드 황금기 풍속화가이다. 그의 작품은 비교적 어두운 화면에 시골 인물들의 생활상을 그렸으며 특히 무뚝뚝한

농부가 선술집에서 법석대는 모습이 동적으로 묘사되었다. 그는 800점 가까운 유화를 그렸으나 현재는 그중 일부만 남아 있다. 〈술을 마시는 농부들〉은 그 당시의 시골 분위기를 묘사하고 있는 장르화이다.

Peasants Drinking, 1676

물리 | 무도회장에서의 잡음은 80데시벨이다.

이구동성

여러 사람이 동시에 소리를 지르는 것을 이구동성이라고 한다. 그러면 한 사람이 소리를 지르는 것보다 여러 사람이 소리를 지르면 몇 배나 큰 소리가 될까? 청각을 포함해서 사람의 감각은 주어진 자극의 세기에 정비례하지 않고 로그 함수에 비례한다. 따라서 소리의 크기를 청각으로 표시하자면 로그의 척도를 적용해야 한다. 소리의 경우 그 세기의 로그 값을 데시벨이라 하며 10데시벨이 커지면 10배의 세기가 된다. 보통 소리의 세기를 나타내는 단위는 데시벨 dB로 표시한다. 이는 소리의 압력을 수치화한 것이다. 사람의 귀는 3dB 높아질 때마다 소리가 2배 크게 들린다. 따라서 기준치보다 6dB이 높으면 소리는 4배, 9dB이 높으면 8배 크게 들린다. 따라서 한 사람일 때보다 열 사람일 때 소리의 세기는 열 배가 되지만 우리 귀의 느낌은 3dB 더 큰 소리가 된다.

소리의 감쇄

소리가 벽에 반사되면 원래의 크기보다 줄어든다. 이때 물질에 따라 감쇄되는 정도가 다른데 타일이나 벽돌, 콘크리트 등은 소리가 거의 감쇄되지 않는 반면에 두꺼운 커튼, 광물 섬유 등에서는 소리가 많이 감쇄된다. 집 안에 놓인 여러 가지의 가구들은 소리를 반사하며 음파를 흡수한다.

빈 집에서는 소리가 울린다

텅 빈집에서는 소리가 울린다. 이것은 직접 귀로 전달되는 소리와 함께 벽에서 반사된 소리도 함께 들리므로 두 소리가 귀에 전달되는 시간 차이에 의해서 메아리가 되어 울리기 때문이다. 그러나 가구가 채워져 있는 방에서는 소리가 가구들 사이로 진행하면서 반사되어 소멸되기 때문에 소리가 울리지 않는다. 소리가 벽에서 반사되는 것을 줄이려면 소리를 흡수하는 물질로 실내를 장식해야 한다. 벽은 방음 판넬로 하고 바닥은 목재 마루보다 카펫을 까는 것이 좋다. 벽에는 태피스트리나 담

요, 커튼 등이 효과적이며 소파, 쿠션 같은 부드러운 가구가 흡음에 좋다. 음악실에서는 벽에 흡음재를 사용하여 방음을 한다. 흡음판에는 구멍이 많이 있으며, 소리는 미로처럼 되어 있는 수많은 구멍의 여기저기에 부딪치고 반사되는 사이에 에너지 대부분이 열로 바뀌어 소멸된다.

조용한 침실

〈침실〉은 고흐가 프랑스 남부 지방 아를르에 있을 때 살던 옐로 하우스의 내부 전경으로써 세 개의 버전이 있으며, 첫 번째 버전은 고갱이 그의 집을 방문했을 때 옐로 하우스를 장식하기 위하여 그

Vincent van Gogh, The Bedroom, 1889

린 작품이다. 그리고 1년 후, 고흐가 정신병원에서 지내면서 만든 두 번째 버전이 이 작품이다. 고흐는 그의 작품 〈침실〉을 보면서 머리를 식히면서 쉬기도 하고 여러 가지 상상을 했다고 한다.

물리 | 가구로 채워진 방은 소리가 조용히 흡수되는 반면에 가구가 없는 빈 방에서는 소리가 울린다.

비 오는 날 벽난로 앞에서

벤슨은 〈비 오는 날〉을 통해 메인주에 있는 여름 주택의 벽난로 옆에서 등나무 의자에 앉아 독서하는 자신의 딸을 묘사하고 있다. 이 작품은 왼쪽에서부터 넓고 흐린 빛이 비쳐오고 오른쪽 멀리 벽난로 속에서 타다 남은 나

Frank Weston Benson, Rainy Day, 1906

무의 타오르는 빛이 서로 조화를 이루며 내부 조명의 미묘한 효과를 보여주고 있다. 19세기 후반에는 벤슨을 포함한 많은 화가들이 실내에서 사색하거나 독서, 바느질 등을 하는 여인들을 가정적이고 여성스러우며 문화적으로 세련되었다고 생각했다.

물리 | 집 안에 놓인 여러 가지의 가구들은 소리를 반사하며 음파를 흡수하므로 소리가 많이 감쇄된다.

방음

방음이란 재료 표면에 들어오는 음파가 표면을 통해 빠져나가지 않도록 하는 흡음과 소리를 차단하는 차음이 모두 포함된 것이다. 차음은 정해진 공간 밖으로 소리가 새어나가지 않게 하는 것으로서 밀도가 높은 재질의 벽을 사용하여 통과하는 음파의 세기를 최소화하는 것이다.

이에 대해 흡음은 벽에서 반사되어 나오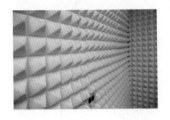
는 소리를 없애는 것이다. 흡음의 특성은
재질, 단면 구조에 따라 변화하기 때문에
구멍이 많은 다공질 재료나 판상 재료를
사용한다. 이 경우에는 음파가 벽에서 구
멍 안쪽으로 들어간 후 구멍 내부에서 반사를 거듭하며 대부분 열에너
지로 전환되어 흡음재에 흡수된다.

방음 판넬은 계란판의 구조가 효과적으로 소리를 흡수한다. 계란판에
소리가 부딪치면 울퉁불퉁한 표면 때문에 난반사를 일으키고 이렇게
여러 방향으로 반사된 음파는 서로 부딪쳐 사라지는 상쇄간섭을 통해
흡음작용을 일으킨다.

눈이 많이 쌓인 날에는 주위가 조용하다

눈이 하얗게 덮인 조용한 밤에 생각나는 캐럴이 있다. '고요한 밤, 거
룩한 밤, 어둠에 묻힌 밤.' 눈 내린 밤은 보기에만 고요하게 보이는 것이
아니라 실제로 조용하다. 눈은 소리를 흡수하기 때문이다. 눈은 육방형
의 결정이 모여 여러 가지 크기의 입자가 되고, 그 입자가 모여 고체의
눈이 된다. 입자와 입자 사이에는 많은 틈이 생기고 이것이 흡음판의 구
멍과 같은 작용을 한다. 즉, 눈이 흡음재가 되어 주변이 조용해지는 것
이다. 눈은 우리가 보통 사용하는 주파수 600Hz 이상의 소리에 대해서
는 특히 흡음률이 높아 우수한 흡음재인 유리솜과 같은 정도이다.

눈 내린 고요한 마을

모네는 노르웨이를 여행
하면서 눈 풍경에 감동을 받
아 약 두 달가량 머물면서 노
르웨이 풍경을 그렸다. 〈노
르웨이, 샌드비카〉에 나타난
철교는 그의 고향에 있는 일
본식 다리를 회상하면서 그
린 것 같다.

Claude Monet, Sandvika, Norway, 1895

물리 | 눈은 소리를 흡수한다

눈은 고요함을 연상시킬 뿐 아니라 실제로 소리를 잡아주는 흡음
효과가 있다. 소리가 눈에 입사하면 수분이 얼어붙으며 만들어진
눈 결정의 수많은 구멍 내부에서 반사를 거듭하며, 에너지를 잃어
버린 음파의 대부분은 열에너지로 전환되어 눈에 흡수된다. 이와
같이 눈 결정의 구멍들이 소리의 에너지를 흡수하기 때문에 눈이
내리는 날에는 주변이 조용해진다.

눈 내린 토끼굴

피사로는 100여 점의 '눈' 그림을 그렸다. 특히 1879년에 프랑스에는
대단히 추운 겨울이 찾아왔다. 피사로는 센강을 따라 파리의 서쪽으로
30마일가량 떨어진 퐁트와즈에 있는 그의 집에서 〈퐁트와즈에 있는 토

끼의 번식지, 눈〉을 그렸다. 작
품에서 땅, 집, 초목들은 모두
눈으로 거품같이 덮여 있는 것
처럼 화가는 힘찬 화법으로 표
현했다. 그림에서 굴뚝과 초록
빛이 도는 관목, 그리고 오른쪽
에 있는 사람의 옷에 있는 작은

Claude Monet, Sandvika, Norway, 1895

크기의 색깔들을 그려 넣음으로써 노란빛이 도는 흰색만이 우세하고
사람이 살지 않는 자연의 한 조각처럼 보이는 단순함에서 벗어나게 하
고 있다.

물리 | 눈이 내리는 날에는 주변이 조용해진다.

3. 소리의 속도

소리는 공기를 통해서 전달되며 진공 중에서는 소리를 들을 수 없다.
소리의 속도는 소리가 전파되는 매질에 따라 다르다. 실온에서 소리의
속도는 공기 중에서 340m/s, 물속에서는 1500m/s, 강철에서 5960m/s로
써 강철에서 가장 빠르다. 그래서 귀를 철로에 대고 소리를 들으면 기차
가 오는 소리를 일찍 알아챌 수 있다. 예전에 아메리카 인디언들은 귀를
땅에 대고 적이 공격해 오는 소리를 들었는데 이것은 땅이 소리를 전달

하는 좋은 매질임을 보여준다.

청진기

청진기가 처음 발명되었을 당시에는 의사들은
끝이 넓은 가느다란 나무막대로 구성된 청진기
를 사용하여 나무를 통해서 전달되는 심장 박동
소리를 듣고 환자들을 진찰했다.

온도에 따른 소리의 속도

소리의 속도는 온도에 따라 다르다.
공기가 따뜻해지면 소리의 속도는 증
가한다. 예를 들어 기온이 0°C일 때는
소리의 속도는 331m/s이며 100°C일 때
는 340m/s이다.

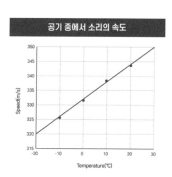

공기 중에서 소리의 속도

매질에 따른 소리의 속도

소리는 매질에 따라 전
파되는 속도가 다르다. 일
반적으로 고체 매질에서
가장 빠르고 이어서 액체,
기체의 순서이다. 공기는
소리를 대단히 느리게 전

매질에 따른 소리의 속도(m/s)

Gases		Solids	
Hydrogen (0°C)	1 286	Diamond	12 000
Helium (0°C)	972	Pyrex glass	5 640
Air (20°C)	343	Iron	5 130
Air (0°C)	331	Aluminum	5 100
Oxygen (0°C)	317	Brass	4 700
Liquids at 25°C		Copper	3 560
Glycerol	1 904	Gold	3 240
Sea water	1 533	Lucite	2 680
Water	1 493	Lead	1 322
Mercury	1 450	Rubber	1 600
Kerosene	1 324		
Methyl alcohol	1 143		
Carbon tetrachloride	926		

파하는 매질에 속하며 다이아몬드는 가장 빠르게 전달한다. 다이아몬
드는 공기보다 약 40배 빠르게 소리가 전달된다.

천둥은 번개가 친 후에 울린다

번개와 천둥은 거의 동시
에 발생되지만 번개가 치고
몇 초가 지난 후에 천둥이
울린다. 이는 빛의 진행 속
도는 300,000km/s이고 소리
의 속도는 340m/s로 소리는
빛보다 훨씬 더 천천히 전달되기 때문이다.

주여, 내 말을 들으소서

작품 〈욥〉은 누더기로 간신히 하체만을 가린 노인이 중얼거리는 모습
을 묘사하고 있다. 노인의 입에서 나오는 소리는 라틴어로 적혀 있는데
구약성경 욥기의 '하나님께 부르짖으오니 나를 비난하지 말으소서'를
인용한 것으로 보아 그림 속 인물은 연속적으로 일어나는 극심한 불운
의 시험을 신앙심으로 견디어낸 욥이라는 것을 입증하고 있다. 하나님
에 대한 욥의 순종과 친교는 사실주의와 밝고 어두움의 강한 대비로 그
려지고 있다. 이 작품의 작가는 아직 밝혀지지 않았으나 스페인의 세비
르에서 그려진 것으로 추정되고 있다.

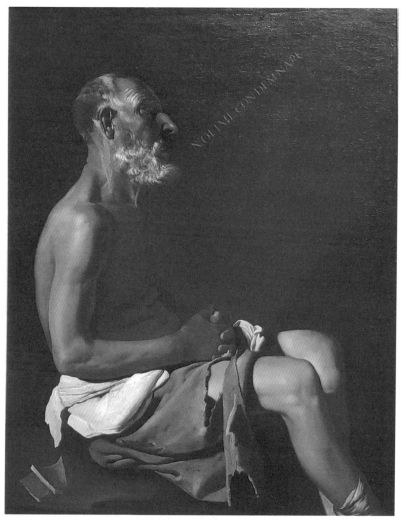

Spanish(Seville?), Job, 1618/1630

물리 | 소리의 속도는 매질에 따라 다르며 실온의 공기 중에서는 약 340m/s이다.

네 필의 말이 끄는 수레도 사람의 말을 따라갈 수 없다

'말로써 말 많으니 말 말을까 하노라.' 오죽 말에 시달렸으면 이런 속 담까지 나왔을까마는 머릿속에 있는 우리의 생각을 표현하기 위해서는 말이 가장 쓰기 편하고 정확한 방법이니 말을 안 하고 살 수는 없다. 그 러나 일단 말을 뱉고 나면 말은 쏜살같이 퍼져 나간다. 말이 얼마나 빠른 속도로 퍼져나가는지는 사불급설駟不及舌이라는 사자성어에서도 알 수 있다. 즉, 네 필의 말이 끄는 수레도 사람의 말을 따라갈 수 없을 정도 로 말이 빠르게 퍼진다는 것이다.

실제로 말소리는 온도 0℃인 건조한 공기 중에서 1초에 약 330미터를 진행한다. 이는 한 시간에 약 1,200km를 갈 수 있는 빠르기이다. 고속도 로에서 자동차가 달리는 속도의 10배 이상이며 비행기보다도 빠르다.

비행기 중에 특히 빠른 제트기의 경우 소리의 속도와 같으면 마하 1이라고 하여 소리의 속도를 빠른 비행기의 속도 단위로 사용하기도 한다. 만일 공기의 온도가 올

Frederic Remington, The Military Sacrifice (The Ambush), 1890

라가면 소리의 속도는 더 빨라진다. 왜냐하면 따뜻한 공기 중에서는 분자들이 더 빠르게 움직이므로 음파가 전달되는 시간이 짧아지기 때문이다. 소리의 속도는 온도가 1℃ 올라갈 때마다 0.6미터/초씩 빨라진다. 따라서 20℃의 실온에서 음속은 약 340미터/초가 된다. 또한 유체 속을 진행하는 소리의 속도는 체적탄성률과 밀도에 의해서 결정되는데 물속에서 소리의 속도는 1,500미터/초로써 공기에서보다 4~5배 정도 더 빠르다.

적의 기습 공격

레밍턴은 19세기 후반의 미국 서부 미개척 지역에서 생활한 개척자들의 낭만적이며 신화적인 모습을 역동적인 구성과 부드러운 색깔을 사용하여 자세하게 묘사하는 화가로 정평이 나 있다. 그는 〈군대의 희생(매복)〉이라는 작품을 통해서 서부는 위험과 기회, 두 가지 모두 존재하는 장소라고 안이하게 생각하는 동부인들에게 피투성이가 되어 전쟁에 직면하는 서부의 한 장면을 솜씨 있게 보여주고 있다. 탐색대원의 뒤에 있는 부대가 매복을 피해 달아나는 동안 그림에는 보이지 않는 시우족 인디언 전사가 쏜 총에 맞아 기병대원이 말에서 떨어지고 있는 장면을 실감 나게 묘사하고 있다.

물리 | 청음으로 적의 동태를 파악한다

기차 레일에 귀를 대면 멀리서 오는 기차 소리를 공기 중에서보다 더 빨리 들을 수 있다. 또한 군대에서는 청음이라 하여 귀를 땅에

탱크 부대가
오고 있군.

대고 들리는 소리를 통해서 적군의 동태를 파악하기도 한다. 인디언들은 청음을 통하여 멀리서 달려오는 말발굽 소리를 듣고 적의 공격을 파악했다고 한다. 이는 소리가 공기에서보다 땅에서 세 배 이상 빨리 전달되기 때문이다. 현대전에서도 청음을 통하여 탱크가 이동하거나 군대가 행진하는 소리를 공기 중에서보다 더 빠르게 파악할 수 있다.

미술 │ 레밍턴은 서부 개척시대의 미국 서부를 표현한 화가이다. 그의 작품은 카우보이, 인디언, 미국 기병대 등의 영상을 특징으로 하는 19세기 후반부의 미국의 서부생활을 낭만적으로 표현했다. 미국에서는 각 분야의 유명한 인사들을 기리기 위하여 우정국에서 1940년에 〈유명한 미

The Hussar, 1893

국인 시리즈〉를 발행했는데 그도 여기에 선정되었다. 〈경기병〉은 서부시대의 미국 기병대의 모습을 묘사한 작품이다.

4. 소리의 굴절

소리의 속도는 온도가 높을수록 빠르며 높이에 따른 온도 차가 있으면 소리는 굴절된다. 낮에는 지표면이 더우므로 소리는 위로 휘어지고 밤에는 지표면이 차가워져서 아래로 휘어진다. 그러므로 낮에는 위층이 시끄럽고 밤에는 아래층이 시끄럽다.

낮말은 새가 듣고 밤말은 쥐가 듣는다

'낮말은 새가 듣고 밤말은 쥐가 듣는다'라는 속담이 있다. 이 속담은 항상 말 조심을 하라는 의미이지만 실제로 낮에는 소리가 위로 휘어져서 높은 나무에 앉아 있는 새가 듣기 좋고, 밤에는 아래로 휘어지기 때문에 땅 위에 있는 쥐가 듣기 좋은 현상이다. 소리가 휘어지는 것은 온도에 따라 소리의 속도가 변하기 때문이다. 온도가 높으면 소리의 속도가 빨라지고

온도가 낮으면 느려진다. 그래서 낮에는 지면의 온도가 높으므로 소리는 위로 휘어지고, 밤에는 지면의 온도가 낮으므로 소리가 아래로 휘어진다.

항구의 고요한 밤

히드는 〈메인 연안, 요크항〉에서 전반적으로 수평 방향의 구성을 하고 있다. 또한 이 그림에는 보이지 않는 광원으로부터 빛이 침투되고 있는 것이 특징이다. 이러한 수평 방향의 구성과 어둠 속에서 희미하게 보이는 빛은 상호 작용하여 자연의 고요함을 나타내고 있다.

Martin Johnson Heade, York Harbor, Coast of Maine, 1877

미술 | 히드는 바닷가 습지 및 바다 풍경, 열대 지방의 새, 연꽃 등을 소재로 하여 낭만주의 스타일로 정물화를 그렸다. 그는 20세기 초반까지는 각광받지 못했으나 제2차 세계대전을 전후하여 그의 작품에 대한 새로운 평가가 촉발되어 미술사가들은 히드를 그의 세대

에서 가장 중요한 미술
예술가 중 한 명으로 여
기게 되었다. 그의 작품
들은 현재 주요 미술박
물관에 전시되어 있는데
때로는 차고 판매(garage

Giant Magnolias on a Blue Velvet Cloth, 1890

sale), 벼룩시장, 골동품 가게와 같은 의외의 장소에서 발견되어 작
품을 소유한 사람들에게 로또 당첨 이상의 뜻하지 않은 행운을 안
겨주기도 한다.

그의 대표작 중의 하나인 〈푸른 벨벳 천 위의 거대한 목련〉은 어
두운 배경과 대조되는 밝게 빛나는 목련과 나뭇잎의 풍성한 색상,
완전한 곡선형 윤곽, 전체적인 호화로움으로 인하여 꽃의 향긋한
냄새를 암시하는 독창적인 정물화라는 평을 받고 있다.

물리 | 밤에는 소리가 더 멀리까지 들린다

높이에 따라서 온도가 다른 공기 중으로 소리가 전달될 때는 공기
의 굴절이 일어난
다. 낮 동안에 태양
이 지구를 비추면
지표면 근처의 공
기는 높은 곳에 있
는 공기보다 온도

가 더 높으므로 소리는 하늘을 향해 굴절되어 가까운 거리에서만 소리를 들을 수 있다. 반면에 밤에는 지표면 근처의 공기는 시원해서 소리는 지표면 쪽으로 굴절되어 더 멀리까지 소리를 들을 수 있다. 밤에 해변가에 가면 멀리 떨어져 있는 사람들이 말하는 목소리를 뚜렷이 들을 수 있는데 이는 소리는 밤에 더 멀리 전달됨을 뜻한다. 소리의 또 다른 특성은 공기에서 물로 소리가 전달될 때처럼 매질이 변화되는 지점에서 반사된다.

5. 회절

울타리 밖에 있는 개는 보이지 않더라도 개가 짖는 소리는 들린다. 빛은 직진하므로 울타리에 의해서 차단되지만 소리는 울타리를 둘러서 진행하므로 우리 귀에 도달하기 때문이다. 이러한 특성을 소리의 회절이라고 한다.

소리는 장애물을 둘러 간다

폴 브릴의 〈사냥꾼이 있는 풍경〉은 햇빛이 잘 비치는 목초지를 배경으로 하여 숲에서 토끼를 몰며 여러 사냥꾼들이 어울려서 사냥을 하는 장면을 묘사한 풍경화이다. 밝은 목초지와 어두운 숲이 강렬한 대조를 이루어 목가적인 주제에 사냥의 역동성을 강조한 그림이다.

물리 │ 숲속에서도 소리는 들린다

우거진 숲속에 들어서면 나무에 가려 사람의 모습은 잘 보이지는 않아도 소리는 잘 들린다. 그래서 산에서는 소리를 질러 일행을 찾는 경우가 많다. 이렇게 눈에는 아무 모습도 보이지 않지만 귀에는 소리가 들리는 것은 빛은 파장이 짧아 직진하므로 장애물을 만나면 진행할 수 없지만 소리는 파장이 길어서 장애물을 회절하기 때문이다. 코끼리가 멀리 떨어진 밀림 속에서도 의사소통을 할 수 있는 것은 코끼리가 발생하는 소리가 파장이 긴 초저주파이기 때문이다.

미술 │ 폴 브릴은 풍경화로 유명한 플랑드르 화가이다. 그는 로마에서 활동적인 경력의 대부분을 보냈으며 그가 그린 이탈리아풍의 풍경은 이탈리아와 북유럽의 풍경화에

Paul Bril, Landscape with Hunters, 1619

큰 영향을 미쳤다. 그는 처음에는 후기 매너리즘 스타일로 그림을 그렸으며 풍경의 그림 같은 배열과 빛과 어둠의 격렬한 대조가 특징이었다. 또한 평평하고 햇볕이 잘 드는 목초지 옆의 언덕에서 자라나는 구불구불한 나무나 가파른 절벽을 대조했다. 그의 후기 작품은 목가적인 장면과 신화적 주제가 대부분이었으며 이 후기 스타일은 플랑드르의 풍경화 발전에 강한 영향을 미쳤다.

깊은 산속에서 들리는 소 울음소리

초음파처럼 소리의 주파수가 크면 직진하지만, 멀리까지 진행하지 못한다. 이와는 반대로 주파수가 작은 초저주파 소리는 넓게 퍼지면서 멀리까지 진행한다. 한 번은 깊은 산속에서 뜻하지 않게 '음메-' 하는 소 울음소리가 들렸다. 이 깊은 산 중에 웬 소가 있을까 궁금해하며 소리의 진원지를 따라 한참을 가니 '음메-' 하던 부드러운 소리는 '우-웅' 하는 높은 소리로 바뀌었다. 소리를 따라 좀 더 앞으로 가니까 소리는 점차 더 높은 음으로 바뀌어 '애-앵' 하는 소리가 들린다. 드디어 소리가 나는 지점에 도달해 보니 전기톱으로 통나무를 자르는 소리였다. 전기톱에서 나는 소리에는 여러 가지 진동수의 소리가 섞여 있는데 그중에서 가장 낮은 소리가 제일 멀리까지 전파되어서 처음에는 주파수가 낮은 저음이 들리다가 소리의 진원지에 가까이 갈수록 주파수가 높은 고음이 들린 것이다. 이와 같이 소리는 주파수가 낮을수록 파장이 길어 장애물에 의해 회절이 많이 일어나므로 더 멀리까지 전파된다. 발정기의 코끼리 소리가 십 리 이상 전파되는 것도 소리가 숲속에서 회절되기 때문이다.

6. 악기

악기에는 타악기, 현악기, 관악기 등이 있으며 이는 모두 공기를 진동시켜 정상파를 만들어서 소리를 낸다.

정상파

두 개의 파동이 만나면 서로 간섭을 일으켜서 파동이 제자리에서 진동만 하고 진행하지는 않는 파동을 정상파라고 한다. 닫힌 공간 내에서 형성되는 정상파의 고유진동수는 그 경계 조건에 따라 달라진다. 악기는 정상파를 만들어서 듣기 좋은 일정한 음높이의 음파를 만들어내는 장치이다.

특색 있는 음색

악기나 사람의 목소리는 저마다 특색 있는 음색을 가지고 있다. 이러한 음색을 결정하는 중요한 요소가 공명이다. 공명이란 특정한 발성체가 내는 소리를 다른 2차적 발성체가 되받아 울려주는 것이다. 바이올린이나 기타는 악기의 몸체를 공명 상자처럼 만들어 악기 음을 공명시켜 더 많은 배음을 만듦으로써 보다 아름다운 소리를 얻고 있다. 사람의 목소리도 성대에서 부속강관을 통과하기까지 공명이 이루어지고 있다. 목소리가 발성 때의 음을 기준으로 했을 때는 기음과 약간의 배음만 있을 뿐 그 자체로서는 음색이 거의 없다. 이 상태에서 공명이 되면, 보다 많은 배음이 형성되어 비로소 특징 있는 음색을 갖게 된다.

오케스트라 리허설

〈겨울 서커스에서 파들루 오케스트라의 연습〉은 19세기에 파리에서 행해진 인기 있는 클래식 음악회의 연습 장면을 그린 것이다. 사전트는 연주회 연습에 참석하여 위층 좌석으로부터의 가파른 조망으로 내려봤

John Singer Sargent, Rehearsal of the Pasdeloup Orchestra at the Cirque d'Hiver, About 1879

을 때 '이상한 그림 같음'에 영감을 받아 이 그림을 그렸다. 그는 얇고 간소화된 붓질로 멋진 원형경기장의 구조와 함께 음악가와 악기, 악보, 서커스 단원들로 구성된 풍부한 연주회 분위기를 나타냈다.

물리 | 오케스트라는 현악기, 관악기, 타악기로 구성되어 있는데 이들 중 현악기는 줄을 진동시켜 정상파를 만들고 관악기는 공기 기둥을 진동시켜 정상파를 만들어 소리를 발생시킨다. 그리고 타악기는 막, 막대, 판 등을 진동시켜 소리를 발생시킨다. 이러한 악기의 진동은 주변의 공기를 진동시켜 파동의 형태로 우리 귀까지 전파되어 고막을 진동시키며 우리는 그 진동을 소리로 인식한다.

타악기

타악기는 두들기거나, 흔들거나, 긁어서 물체가 진동하게 해서 소리를 내는 악기이다. 이 악기의 진동에 의해 발생된 음파는 공기 중에서 파의 진행 방향과 같은 방향으로 공기 분자들이 앞으로 몰렸다가, 그 반발력에 의해 뒤로 몰리는 압축과 팽창과정을 되풀이하면서 퍼져나간다. 이 과정에서 음파의 고유주파수는 증폭되어 진동의 폭이 커진다. 그리고 귀에 도달한 공기의 진동은 고막을 진동시키므로 소리를 들을 수 있다. 타악기에는 막대의 진동을 이용하는 악기와 막의 진동을 이용하는 악기가 있다. 막대를 이용한 악기는 막대를 두들길 때의 진동을 이용한 것인데 막대 길이의 차이에 따라서 음계가 달라진다.

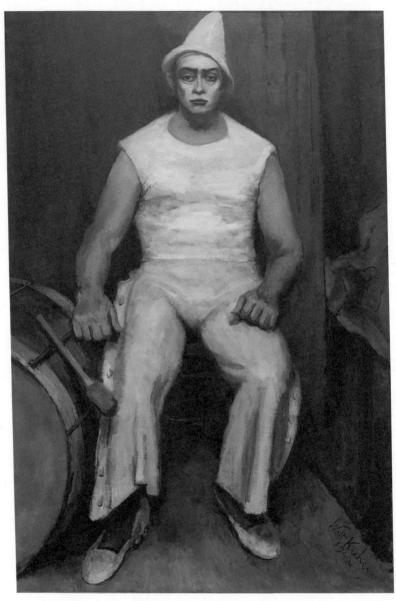

Walt Kuhn, Clown with Drum, 1942

드럼 치는 어릿광대

쿤은 초상화와 정물을 강한 색상과 두꺼운 질감으로 묘사한 미국 화가이다. 그는 〈어릿광대와 북〉에서 권투선수를 모델로 기용하여 어릿광대 의상을 입히고 광대 분장을 시켰다. 모델은 앉아 있는 상태에서 손을 움켜잡고 있어 압축된 긴장감을 나타내고 있다. 그림을 보는 관객은 권투시합을 하는 링과 밝은 조명 대신에 어두운 뒤쪽 배경을 힐끗 보게 되므로 초상화가 나타내는 감정 상태의 표현에 더욱 깊이 빠져들게 된다.

물리 | 드럼

막의 진동을 이용하는 타악기는 스틱으로 막을 치는 드럼이 대표

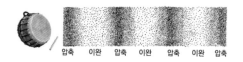

적이며 막의 표면 근처에 있는 공기의 압축과 이완에 의해서 소리를 만들며 리듬악기로 쓰인다. 드럼은 원형막의 정상파를 이용한 타악기이다.

현악기

소리는 공기의 진동인데 현악기의 경우 현의 진동이 주변의 공기를 진동시키기 때문에 현으로부터 나오는 소리의 주파수는 현의 진동수와 같게 된다. 바이올린, 첼로, 기타 등의 현악기는 현의 길이가 짧을수록 주파수는 높아진다. 또한 현의 장력이 클수록 소리의 주파수는 높아진다. 현을 팽팽하게 감고 튕기면 고음 즉 높은 주파수의 소리가 나오고,

느슨하게 풀면 저음 즉 낮은 주파수의 소리가 나온다. 이는 현의 장력이 커질수록 현이 튕기기 전의 상태로 돌아오고자 하는 복원력도 커지게 되어 뉴턴의 운동법칙에 의해 현의 진동이 빨라지게 되기 때문이다. 현이 가벼워도 주파수는 높아진다. 즉, 현이 가벼울수록 진동이 빨라지는 것인데, 이것은 일정한 장력 하에 질량이 작아지면 가속도가 커지기 때문이다.

바이올린 레슨

〈음악 수업〉은 오흐테르벌트가 대부분의 시간을 보낸 로테르담에서 그린 가장 훌륭한 작품 중의 하나이다. 소녀를 강하게 비추어주고 남자에게는 부분적으로 그림자를 남겨준 섬세한 빛이 이채롭다. 화가의 특성은 각이 진 포즈와 인물들 사이의 장난스러운 역할 교환이다. 소녀는 그 당시 주로 남자들이 사용하던 악기인 바이올린을 들고 음악 점수를 권위적으로 가리킴으로써 남성과 여성의 역할을 풍자적으로 뒤바꾸었다.

물리 | 현악기

현악기에서 소리가 나는 것은 현의 진동이 공기를 진동시키기 때문이다. 바이올린의 현은 브리지와 너트를 가로질러 잡아당겨져 있어서 양 끝은 고정되어 있으므로 공기의 진동은 정상파가 만들어지며, 진동하는 부분의 길이에 따라 음의 높이가 바뀌게 된다. 기본 주파수와 하모닉스는 현의 재질, 길이, 질량, 탄성 등에 의해 결정된다. 바이올리니스트는 손가락 끝으로 현을 눌러서 원하는 길

Jacob Ochtervelt, The Music Lesson, 1671

제4장 | 소리

이를 만든다. 현의 길이를 짧게 하면 피치를 높이는 효과가 있다.

미술 | 야코프 오흐테르벌트는 네덜란드의 황금기시대 화가이며 음악 수업이나 음악가들의 연주를 주제로 한 장르 작품을 신고전주의 화풍으로 제작했다. 그는 Frans Elder Mieris의 제자이며 그의 작품 스타일은 Gerard Terberg 또는 Gabriel Metzu와 일치한다. 오흐테르벌트는 17

Street Musicians at the Door, 1665

세기 예술 서지 작가들에 의해 소개되지 않아 다작임에도 불구하고 널리 알려지지 않고 있다가 네덜란드 황금기에 관한 전기작가에 의해 언급되기 시작했다. 〈문 앞의 거리 음악가〉는 전형적인 그의 작품 중 하나이다.

음악 수업

헤라르트 테르보르흐의 〈음악 수업〉에 있는 인테리어가 가정에서 최소로 필요로 하는 책상과 걸상뿐인 것은 작품 속 인물들의 일상생활을 묘사한 것이라는 것을 환기시킨다. 그림에서 모자를 쓴 남성과 우아한 젊은 여인이 서로 대화하며 음악 수업을 하고 있다. 여인은 음악을 연주하고 남자는 그녀를 위해서 템포를 맞추어 주고 있다. 그는 아마 그녀의

Gérard ter Borch, The Music Lesson, about 1670

음악 선생일 것으로 생각되지만 정확한 관계는 여전히 애매하게 관중의 몫으로 남겨두고 있다.

미술 | 헤라르트 테르보르흐는 소형 인물화와 일상생활을 전문적으로 그리는 네덜란드 황금기시대의 풍속화가로서 특히 상류사회를 주제로 삼았다. 그는 사람들을 가정이라는 신성한 장소로 끌어들여서 주제에 대한 틀을 확립했다. 그의 그림에는 인물들의 불확실성과 아울러 그들의 내부 생활에 대한 힌트를 주어 그림을 보는 관중이 생각을 하도록 유도한다. 〈The Concert〉에는 두 명의 여인이 있어 이들 사이의 스토리를 관중들이 유추하도록 유도하고 있다.

The Concert, c.1675

? 음악 명언

- 음악은 모든 소리 가운데 가장 값진 것이다. (테오필 고티에)
- 언어가 끝나는 곳에서 음악은 시작된다. (모차르트)
- 음악은 보이지 않는 춤이요, 춤은 소리 없는 음악이다. (장 폴 리히터)
- 음악은 남자의 가슴으로부터 나와 여자의 눈물을 자아낸다. (베토벤)
- 음악은 우리에게 사랑을 가져다주는 분위기 좋은 음식이다. (셰익스피어)
- 음악이란 말로는 표현할 수 없는, 그렇다고 침묵할 수 없는 것을 표현하는 것이다. (빅토르 위고)

가족 콘서트

17세기 네덜란드 화가인 얀 스테인은 종종 일상생활에서 우스꽝스러운 장면을 보여 주고 있다. 〈가족 음악회〉에서는 이 가정의 눈에 띄게 명확한 우아함에도 불구하고 표면 아래에서 떠오르지 않은 몇 가지 혼란이

Jan Steen, The Family Concert, 1666

명백하게 보인다. 마룻바닥에 버려진 포도주 잔, 고양이가 개의 사료를 먹는 것, 그리고 소년이 진흙 파이프로 현악기의 일종인 베이스 비올을 연주하는 것 등은 상류사회에서는 볼 수 없는 진풍경이다.

물리 | 첼로는 저음역 악기로 비올라보다 한 음역 아래 음을 연주한다. 따뜻하고 풍부한 울림으로 묵직하면서도 부드러운 음색을 가지고 있다.

미술 | 스테인은 17세기의 주요 장르화가 중 한 명이며 그의 작품은 일상생활의 장면을 주제로 하고 있다. 그는 심리적 통찰력과 유머

Beware of Luxury, 1663

감각이 뛰어났으며 인생을 광대한 희극으로 취급했다. 그는 특히 아이들의 미묘한 표정을 포착하는 대가였으며 풍부한 색상 처리에 뛰어난 기술을 보여준다. 〈Beware of Luxury〉는 방탕하거나 온당치 않은 행동을 하는 무질서한 가정을 묘사하고 있다.

현의 진동

현악기는 팽팽한 줄의 양쪽을 고정시켜 놓았기 때문에 정상파stationary wave가 생기며 현의 양쪽 끝은 항상 마디node를 이룬다. 현의 가장 기본적인 진동은 양 끝이 마디이고 가운데가 배antinode인 기본 모드이다. 이보다 높은 주파수의 진동은

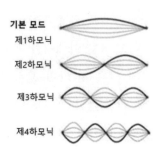

기본 모드
제1하모닉
제2하모닉
제3하모닉
제4하모닉

현의 양 끝과 가운데가 마디이고 마디 사이가 배인 진동이며 주파수가 높아질수록 마디와 배의 숫자가 일정한 배열을 이루며 늘어난다.

종을 튜닝하기

셜로는 검은색에 초점을 두고 심미주의가 가미된 사실주의 스타일로 〈종의 가락 맞추기〉를 그렸다. 이 작품에서는 제한된 톤의 팔레트에서 명암을 강하게 대비시켜 시골 귀족의 특징을 명쾌하게 나타내고 있다.

Walter Shirlaw, Toning the Bell, 1874

현의 장력을 증가시키면 주
파수가 더 큰 높은 소리가 나
고 장력이 작아질수록 낮은
소리가 나므로 현의 장력을
변화시켜 튜닝을 한다.

미술 | 월터 셜로는 미국 화가이며 그의 첫 번
째 중요 작품은 〈Toning of the Bell〉이
다. 그의 작품은 색상 처리에 불확실성
이 없으며 초상화에서는 인물의 심리
적 힘을 높이기 위해 어두운 배경에 밝
은 톤으로 얼굴을 그렸다. 그의 그림은
선이 명확하고 세심하게 그려져 있으
며 단순한 구성을 할 때도 훌륭한 결과

Little Street Musicians, 1862

를 얻었다는 평을 받고 있다. 그의 작품 중에는 동물, 개, 새를 포
함하는 작품이 많으며 그는 일러스트레이터로도 뛰어난 평판을
얻었다. 〈거리의 어린 음악사들〉은 그의 독특한 특성을 잘 나타내
고 있는 작품이다.

피아노 치는 여인

19세기 중엽에 피아노는 음악을 대표하는 가장 대중적인 악기가 되

었다. 르누아르가 〈피아노를 치는 여인〉을 그릴 시기에는 직립형 피아노는 중산층 가정을 나타내는 필수적인 특징이기도 했다. 피아노 연주자의 파란빛이 도는 간편한 복장 위로 희고 투명한 천으로 만든 캐주얼한 길고 헐거운 겉옷을 보면 작품에 있는 젊은 파리쟝이 일반 대중이 아닌 자기 자신을 위해서 또는 그녀의 가족을 위해서 우아하게 개인적인 연주를 하고 있음을 알 수 있다.

물리 | 피아노

피아노는 대표적인 건반악기로 나무로 된 작은 망치가 강철 프레임에 고정된 피아노 줄을 때려서 소리낸다.

관악기

관악기는 입으로 불어서 관 내부의 공기를 진동시켜 소리를 내는 악기이다. 관악기에서 소리가 나는 것은 관 안의 공기가 정상파를 이

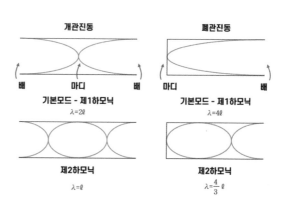

루며 진동하기 때문이다. 관의 양쪽이 모두 열려 있는 경우(개관진동)는 양쪽 끝에서 공기의 압력이 대기압으로 일정하기 때문에 압력의 변화가 없어 진동을 하지 않는 마디가 되고 그 중간이 배가 된다. 이에 반

Pierre-Augste Renoir, Woman at the Piano, 1875/1876

해 관의 한쪽은 막혀 있고 다른 한쪽은 열려 있는 경우(폐관진동)에는 막혀 있는 부분으로 공기가 움직일 수 없어 닫혀 있는 곳은 정상파의 마디node가 되고, 열려 있는 곳은 정상파의 배antinode가 된다.

피리 부는 남자

〈플래절렛 연주자〉는 젊은 남자가 자기 옆에 앉아 있는 주름투성이 여자의 노래에 플래절렛이라는 피리로 반주를 하고 있는 모습이다. 그들이 음악을 하고 있는 곳은 여인숙이다. 오른쪽에는 주인이 들어오면서 두 남녀가 마신 맥주잔의 수를 그들의 앞에 놓여 있는 거친 식탁 위에 분필로 기록하고 있다. 화가 테니르스의 점잖은 풍자는 이 한 쌍의 나이 차이를 향하고 있으며 계속해서 전통적으로 농부를 주제로 하는 플랑드르 사람들의 가까운 가족 관계를 나타냈다.

미술 │ 테니르스는 플랑드르 바로크 미술가로서 브뤼셀의 궁정화가이자 큐레이터를 겸한 다재다능한 당대 최고의 예술가였다. 그는 다작으로 알려진 화가로서 그 주제는 역사 그림, 풍속화, 산수화, 초상화, 정물화 등 다양했으며 특히 농민 장르, 선술집 장면, 연금술사나 의사가 함께 등장하는 장면의 장

Statue of David Teniers
the Younger

르화가 독보적이다. 그는 또한 시골의 목가적인 풍경과 은둔 성인을 주제로 한 종교적 장면을 많이 그렸다. 그의 작품은 17세기 북부

David Teniers the Younger, The Flageolet Player, About 1640/1645

유럽 장르화가들에게 영향을 미쳤으며 당대에 가장 많이 복제되었다. 그를 기념하는 동상이 벨기에 안트베르프에 건립되어 있다.

물리 | 관악기의 음높이는 관의 길이에 따라 공기 진동을 조절하여 정해진다. 관의 길이를 조정하는 방법은 관에 뚫린 구멍을 손가락으로 막거나 건key를 열고 닫는다. 금관 악기에서는 밸브를 써서 공기의 흐름을 우회시켜 관의 길이가 연장되면 음높이가 낮아진다. 트롬본은 슬라이드로 관의 길이를 조절한다.

호른을 연주하는 정원사

쉰들러의 〈프란츠 황제 가족의 정원사 겸 호른 연주자의 초상화〉는 절묘하게 정제되고 민감하게 관찰된 인습적인 비더마이어 양식의 초상화이다. 그러나 사실적인 세부 묘사와 앉아 있는 사람의 얼굴은 미세한 감정 표현을 묘사하고 있으며 그림 자체의 미적인 본질을 나타내고 있다. 또한 정원사가 들고 있는 호른과 무릎에 얹고 있는 악보를 통해서 화가는 정원사의 음악가로서의 재능과 노력을 찬양하고 있다.

물리 | 관악기는 얇은 관 속의 음파의 정상파를 이용하여 소리를 낸다. 피리, 레코더, 호른, 트럼펫, 트롬본, 튜바, 오보에 등이 있다.

트럼펫

트롬본

튜바

Albert Schindler, Portrait of a Gardener and Horn Player in the Household of the Emperor Francis, 1836

미술 | 쉰들러는 19세기의 오스트리아 화가이자 감성에 호소하는 예술적 스타일인 비더마이어 스타일의 그래픽 아티스트이다. 그는 살레지아 출신의 가난한 직공 집안에서 태어났는데 우연히 이 지역을 여행하던 궁정화가 페터 펜디에 의해 그림 재능이 발견되어 그와 함께 비엔나로 가

A Wounded Officer Given His Last Rites, 1834

서 개인교습과 함께 전문적인 예술원 교육을 받았다. 쉰들러는 펜디의 스튜디오를 공유했으며 그가 사망한 후에는 제도공 및 조각사로 자리를 잡고 유명한 오스트리아인을 묘사한 카메오를 제작하는 데 치중했으며 이로 인해 그의 그림은 많이 남아 있지 않다. 〈마지막 의식을 치르는 부상 장교〉는 그의 대표작 중 하나이다.

7. 공명

모든 물체는 고유진동수를 가지고 있다. 만일 외부에서 물체의 고유진동수와 같은 주파수로 힘을 가하면 물체는 아주 크게 진동을 하는데, 이러한 현상을 공명이라고 한다. 예를 들면 고유진동수가 서로 다른 여러 개의 소리굽쇠를 준비한 후 그중의 한 고유진동수와 동일한 진동수를 갖는 소리굽쇠를 치면 소리굽쇠의 진동은 공기를 통해 전파하면서

다른 소리굽쇠에 힘을 가
하여 강제 진동시키는데,
같은 진동수를 가진 소리
굽쇠는 진동하지만 다른

진동수를 가진 소리굽쇠는 거의 진동하지 않는다. 이것은 강제진동수
와 고유진동수가 다르면 물체의 진동은 각 주기 안에서 힘과 속도의 방
향이 반대이기 때문에 소멸되고 고유진동수와 같으면 힘과 속도의 방
향이 같아서 연속적으로 물체를 운동 방향으로 밀어내기 때문에 진동
폭이 커짐을 의미한다. 이와 같이 강제진동수와 물체의 고유진동수가
같으면 공명이 된다. 일반적으로 산란 매체의 진동수와 입사파의 진동
수가 일치할수록 더 많은 진동과 산란이 일어나며 공명일 때 진동이 최
대로 일어난다.

세탁기 통이 멈출 때는 쿵쿵거린다

　세탁기로 탈수할 때는 세탁통이 돌면서 회전속도에 따라 세탁기에
규칙적인 충격을 가하게 된다. 통이 빠르게 돌 때는 세탁기의 고유진동
수와 아주 달라서 별다른 영향을 주지 못하다가 속도가 줄어들면서 어
느 순간 고유진동수와 일치하게 되면 공명이 일어나 흔들리게 된다. 이
처럼 공명은 일정한 진동수에는 민감하게 반응하지만 그 범위를 크게
벗어나면 반응 자체가 없어지기도 한다.

빈 수레가 요란하다

악기 중에 바이올린, 비올라, 첼로 등은 가느다란 현을 진동시켜서 소리를 내는 현악기인데 큰 소리를 내기 위해서 현을 커다란 빈 통에 붙여놓았다. 현에서 발생한 소리는 이 통에서 울려서 큰 소리가 나는 것이다. 물이 담긴 통을 두들겨도 소리가 나는데 물이 가득 담긴 통에서 나는 소리는 작은 반면 빈 통에서 나는 소리는 크다. 그래서 실속 없이 겉모습만 화려한 것을 빗대는 말로 '빈 수레가 요란하다'라는 속담도 있다. 악기는 빈 수레의 원리를 이용한 셈이다.

눈과 귀는 공명장치

정해진 주파수를 가진 빛만 인식할 수 있는 동물의 눈이라든가 일정한 영역의 음파에만 반응을 하여 소리를 듣는 동물의 귀는 미세한 신호에 반응하는 공명 기관이다. 동물마다 들을 수 있는 소리와 볼 수 있는 빛이 조금씩 다른 것은 공명을 일으키는 주파수 영역이 각자 조금씩 다르기 때문이다.

바이올린의 명품, 스트라디바리우스

바이올린은 풍부한 감정 표현과 다양한 음색을 가지고 있다. 그중에서도 17세기 무렵 안토니우스 스트라디바리가 만든 바이올린은 명품의 대명사로 손꼽힌다. 바이올린 소리는 현에서 나온 음파가 동체에서 얼마나 아름다운 공명을 만들어 내느냐로 결정된다. 동체를 이루는 나무의 재질과 두께, 동체의 형태 등이 공명을 결정한다. 스트라디바리우스의 동체를 분해해 스피커 앞에 놓고 주파수를 바꿔가며 진동을 조사해 본 결과, 신기하게도 동체의 공명주파수가 서양 음계의 음 간격과 정확히 일치했다.

현악기 중 콘트라베이스는 모양은 바이올린과 비슷하지만 크기는 현악기 중에 제일 크며 가장 낮은 소리를 낸다. 동체의 크기가 크므로 공명을 일으키는 주파수가 작기 때문이다. 손으로 현을 뜯으며 연주하는 하프에는 연주자 편에 있는 삼각형의 한 변은 속이 빈 공명상자로 되어 있어 소리를 증폭시킨다. 이와 같이 악기에는 공명상자가 중요한 역할을 한다.

공중그네 타기

에버렛 신은 실제 도시생활을 그린 모더니즘 및 리얼리즘의 미국 화가이며 특히 서커스, 버라이어티 쇼, 극장 등과 같은 대중적 여흥을 그리는 데 몰두했다. 〈런던 히포드롬 경기장〉은 극장에 대한 화

Everett Shinn, The Hippodrome , London, 1902

가 자신의 흥미를 반영하고 있으며 극장을 에너지와 기술이 넘쳐나고 환상을 만족시키는 장소로 묘사했다. 또한 넓고 대담한 붓놀림은 그림 속 인물이 움직이는 듯한 생동감을 준다. 이 작품은 어렴풋이 꿈과 같은 성질을 가지고 있어 사실주의보다는 인상주의적인 스타일이다. 런던의

서커스 대형 경기장 히포드롬은 1900년에 개장한 후 10년 후에는 음악당으로 변경되었으며 화가는 대경기장을 개장하는 첫해에 이곳을 방문했다.

물리 | 공명을 이용하면 그네가 높이 올라간다

그네를 밀면 그네는 앞뒤로 흔들린다. 만일 그네가 움직이는 방향과 같은 방향으로 밀면 작은 힘으로도 그네는 크게 움직인다. 이것은 그네의 고유주파수와 동일한 주기로 힘을 가하여 공명 현상을 일으켰기 때문이다. 이와 같이 그네의 공명주파수와 같은 주파수로 밀면 작은 힘으로 밀어도 그네가 높이 올라간다. 그러나 다른 주파수로 밀면 힘이 많이 들며 높이 올라가지도 않는다.

통곡의 방

앙코르 톰에는 자야바르만 7세가 모친을 위하여 지은 타프롬 사원이 있다. 그는 어머니가 돌아가신 후 모친이 그리울 때마다 혼자 방에 들어가 가슴을 치며 통곡을 했다고 한다. 그래서 이 통곡의 방에서 가슴을 치면 온

방 안이 울린다는 전설이 있다. 실제로 통곡의 방에 들어가서 말하거나 박수를 치면 아무런 소리도 울리지 않으나 손바닥으로 가슴을 칠 때는 그 소리가 방 안에 쿵쿵 울린다. 이것은 가슴을 칠 때 나는 소리의 주파수가 통곡의 방의 고유주파수와 일치되어 생기는 공명 현상이다,

카페 콘서트 가수의 노래

〈카페 콘서트 가수〉는 마네가 파리인들의 카페 문화를 탬버린에 그린 유화 중 하나이다. 그림 속의 등장인물과 세팅은 1870년대 중반에 당시 파리인들에게 인기 있는 여러 영업소에서 마네가 입회하여 그린 스케치에서 추출한 것이다.

Edouard Manet,
Café-Concert Singer, 1879/1880

물리 | 노래로 유리잔을 깬다

노랫소리의 공명은 유리잔을 깰 수 있을 정도로 강력한 힘을 가지고 있다. 만일 유리잔의 고유진동수와 동일한 진동수로 가수가 아주 길게 소리를 내며 노래

를 부르면 유리잔은 고유진동수로 진동을 시작하다가 점차 진폭이 커져 결국에는 깨진다. 파동의 에너지는 진폭의 제곱에 비례하

므로 공명 현상 때문에 진폭이 커진다는 것은 에너지가 가장 효율적으로 전달된다는 것을 의미한다. 이때 유리잔이 깨지는 것은 소리의 크기 때문이 아니라 유리잔으로 전달되는 소리의 공명 때문이다.

다리를 건널 때는 휘파람을 불지 마라

1831년 영국의 한 보병 부대는 맨체스터 근처에 있는 현수교를 행진하며 지나가다가 마침 그중 한 명이 휘파람으로 행진곡을 불었다. 사람들은 무의식중에 행진곡에 발을 맞추어 걸었고 그 다리는 무너져 버렸다. 행진하는 군인의 규칙적인 발걸음이 다리의 고유진동수 중 하나와 일치해 그 다리는 공명 현상에 의해 진폭이 커져 파괴된 것이다. 이 사건이 일어난 이후부터 군인들은 다리를 건널 때 발을 맞추지 않는다는 규칙이 생겼다.

약한 바람에도 거대한 다리가 파괴될 수 있다

워싱턴주의 타코마 협교Tachoma narrow bridge는 병사들의 행진으로 인하여 위아래로 진동하기 시작했는데 마침 이때 불어오는 가벼운 돌풍에 의해서 아주 심하게 흔들려 준공한지 불과 4개월 만에 붕괴

타코마 협교

바람에 의한 붕괴

되었다. 타코마 협교는 시속 120마일의 강한 바람에도 견딜 수 있게 설계되었으나 다리가 붕괴될 때의 풍속은 겨우 시속 42마일에 불과했다. 이러한 약한 바람에 의해서 다리가 붕괴된 이유는 병사들의 행진에 의해서 진동하기 시작한 다리에 바람이 더해져서 공명을 일으키며 진폭이 커졌기 때문인 것으로 판명되었다.

8. 도플러 효과

도플러 효과는 1842년 오스트리아의 물리학자인 도플러에 의해 발견된 것으로, 소리를 내는 음원과 관측자의 상대적 운동에 따라 음파의 진동수가 다르게 관측되는 현상을 말한다.

오는 기차와 가는 기차의 경적소리는 다르다

기차가 보이지 않더라도 기차 소리만 들어도 기차가 다가오는지 멀어져 가는지 알 수 있다. 기차의 경적소리가 높아지면 기차가 다가오고 있으며 경적소리가 낮아지면 멀어지고 있는 것이다.

도플러 효과

정지해 있는 차에서 나는 경적소리는 동심원을 그리며 퍼져나가므로 음파의 중심에 놓여 있는 차의 앞이나 뒤에서 모두 동일한 주파수의 소리가 들린다. 그러나 차가 앞으로 진행하면 파동을 이루는 원은 음원

과 함께 앞으로 움직이므로 차
의 앞쪽에 있는 파동은 압축되
어 소리의 주파수는 더 커지고,
차의 뒤쪽에 있는 파동은 늘어

긴 파장
낮은 주파수

짧은 파장
높은 주파수

나 주파수는 더 작아진다. 따라서 차의 앞에 서 있는 사람에게는 더 높
은 소리가 들리고 차의 뒤에 서 있는 사람에게는 더 낮은 소리가 들린
다. 이때 관측되는 음파의 진동수는 원래의 진동수와 음원과 관측자 사
이의 상대속도에 의해 결정된다. 도플러 효과는 소리, 빛 등 모든 형태
의 파동에서 관찰된다.

스피드 건

권총과 비슷하게 생겼다고 해서 스피드 건speed gun이라고 불리는 속도
측정기는 자동차의 과속 여부를 측정할 때나 야구에서 투수가 던진 공
의 속도를 측정할 때 사용된다. 스피드 건의 측정 원리는 파동의 도플러
효과를 이용한 것이다. 도플러 효과는 음파뿐만 아니라 모든 파동현상
에서 관측할 수 있다. 지나가는 차의 속도를 측정할 경우, 측정자 쪽으
로 다가오는 차를 향해 일정한 주파수의 음파를 발사해 차에 반사된 후
다시 스피드 건으로 되돌아오게 한다. 이때 반사돼 돌아온 음파의 주파
수는 도플러 효과에 의해서 애초에 발사했던 주파수보다 높게 나타난
다. 스피드 건은 이때의 주파수의 변화량을 측정해 속도를 계산한 후 계
기판에 표시한다.

제 5 장

빛

Edvard Munch, The Girl by the Window, 1893

뭉크의 〈창가에 있는 소녀〉는 한밤중에 잠옷을 입은 소녀가 어두운 방에 홀로 서서 도시의 창밖을 응시하고 있다. 화면의 가파른 시야와 길게 드리운 그림자는 불가사의한 느낌을 주는 장면을 연출한다. 느슨하게 칠한 어둠침침한 갈색 색조는 파란색과 섞여서 우울하고 무언가를 기대하는 분위기를 불러일으킨다. 창문은 실내를 바깥세상과 분리하는 상징적인 울타리 기능을 한다. 소녀의 정면 얼굴을 볼 수 없고 그녀가 무엇을 보는지 알 수 없다는 사실 때문에 신비감은 더 깊어지고 복잡해진다.

물리 | 빛은 전자파의 일종으로써 파장에 따라 색깔이 정해진다. 눈에 보이는 가시광선 중 가장 파장이 긴 색깔은 빨간색, 파장이 짧은 색깔은 보라색이다. 빨간색보다 긴 파장은 적외선, 보라색보다 짧은 색은 자외선인데 적외선과 자외선은 눈에 보이지는 않는다. 빛은 매질이 없어도 진행할 수 있으며 반사, 굴절, 산란, 회절, 간섭을 일으킨다.

The Scream, 1893

미술 | 뭉크는 신인상파의 영향을 받아 인생의 내면적인 고독, 질투, 불안 등을 응시하는 인물화를 표현주의적인 화풍으로 그렸다. 그는 나면서부터 몸이 허약했는데 작품에도 그 영향이 드러나 있다. 그의 대표작 〈절규〉는 2012

년 소더비 경매에서 당시 미술품 경매 사상 최고액인 1억 1,990만 달러(약 1,355억 원)에 낙찰되었다.

미술 │ 표현주의는 20세기 초에 독일과 프랑스를 중심으로 일어난 미술의 한 양식으로써 미술의 기본 목적을, 자연을 재현하는 것이 아니라 감정과 감각을 직접적으로 표현하는 데 중점을 두었다. 그리하여 눈에

Melancholy (Bergen), 1891

보이지 않는 불안, 공포, 기쁨, 슬픔 등의 감정이 강하게 드러나도록 왜곡된 형태와 강렬한 색채로 표현했다. 대표적인 작가로는 뭉크, 칸딘스키 등이 있다. 〈우울〉은 뭉크의 표현주의 작품이다.

1. 눈

우리는 눈을 통하여 사물을 보고 감정을 표현하기도 한다. 눈은 밝기뿐 아니라 무지개색과 같은 모든 색상을 감지할 수 있으나 적외선과 자외선은 감지하지 못한다. 그리고 다른 생물들은 각각 다른 특성을 지닌 눈을 가지고 있다.

눈의 특성

우리에게는 똑같은 기능을 가진 눈이 두 개가 있다. 각각의 눈은 외부의 영상을 망막에 맺어서 사물을 볼 수 있는 렌즈와 같은 역할을 한다. 그래서 한쪽 눈으로만 보아도 사물을 명확히 볼 수 있다. 또한 두 눈과 물체가 이루는 각도로 거리를 알 수 있으므로 사물의 거리를 파악하는 데는 두 개의 눈이 필요하다.

어린이들은 신발을 반대로 신는 경향이 있다

우리 눈에 비치는 물체는 위, 아래가 뒤집혀서 망막에 상이 형성된다. 그러니까 우리는 항상 뒤집힌 물체의 모습을 보는 셈이다. 어려서부터 이러한 영상에 익숙한 사람들은 점차 뒤집힌 상을 올바른 것으로 인식하게 되므로 우리는 거꾸로 된 영상을 똑바로 선 물체라고 생각한다. 그러나 세상 경험이 없는 어린이들은 눈에 비치는 대로 거꾸로 된 영상은 뒤집힌 것으로 생각한다. 그래서 어린이들은 엉덩이를 치켜들고 다리 사이로 거꾸로 보기를 좋아한다. 그러면 나이 든 어른들은 아우를 본다고 하는데 이 무렵이 두세 살 무렵이므로 동생이 생길 나이이기 때문에 생긴 말이다. 또한 어린이들이 신발을 신을 때는 왼쪽과 오른쪽을 바꾸어서 신는 경우가 많은데 이것도 상이 뒤바뀌어 형성되기 때문이다.

빛을 감지하는 눈

눈은 빛을 감지하는 감각기관이다. 두 눈과 물체 사이의 각도가 클수록 물체까지의 거리가 멀고 각도가 작을수록 거리가 가까우므로 두 개의 눈을 통해서 물체의 거리를 인지한다.

눈은 수정체와 시신경을 통해서 외부의 영상을 뇌에 전달한다.

앵두같이 붉은 입술

빛은 시신경을 자극하여 색각色覺을 일으키는데 파장이 긴 빨간색부터 파장이 짧은 보라색까지 연속적으로 색각을 일으킨다. 따라서 빛은 그 파장에 따라 나타내는 색이 다르다. 빛의 색은 우리의 감정과도 연관이 되어 있어 앵두같이 붉은 입술, 상아 같은 흰 치아를 선호한다. 그래서 미인을 나타낼

때 단순호치[丹脣皓齒(붉을 丹, 입술 脣, 흰 皓, 이 齒)]라는 말을 사용한다.

이성을 희롱하는 여인의 눈

렘브란트 스튜디오에서 만들어진 〈반쯤 열린 문에 있는 젊은 여인〉은 약간 들떠 있는 듯한 젊은 아가씨가 앞을 향해 서 있는 포즈와 반쯤 열린 문을 통해서 이성을 희롱하는 듯한 표정으로 밖을 내다보는 눈초리가 인상적이다.

Workshop of Rembrandt Harmensz Van Rijn, Young Woman at an Open Half Door, 1645

미술 | 렘브란트는 바로크 시대의 네덜란드 화가로서 색채 및 명암의 강한 대비를 사용하여 빛과 어둠의 마술사라고 불린다. 그의 작품의 소재는 성화, 역사, 풍경, 풍속, 인물 등 다양하다. 그는 자화상을 특히 많이 그렸는데 그의 자화상은 허영심 없이 최대한의 성실함으로 자신을 성찰하여 독특하고 친밀한 느낌을 나타낸다. 또한 그의 두터운 신앙심으로 인해 종교화에도 많은 걸작을 남겼는데 그의 성화는 화려하고 거룩한 느낌 대신 인물들의 심리를 담아내는 심리묘사가 특징이다. 그의 작품은 정교한 구도와 인물의 탁월한 묘사로 인간 내면에 잠재하고 있는 오묘한 감정을 표현했다. 렘브란트의 후기 작품은 붓 자국이 거칠고 물감을 여러 겹으로 두껍게 칠한 것이 특징인데 고흐는 렘브란트의 이러한 깊이 있고 풍부한 표현력 때문에 그를 색의 마술사라고 부르기도 했다. 〈렘브란트의 자화상〉은 그가 54세 때 그린 것이다. 또한 그의 대표작 〈Night Watch〉는 단체 초상화인데 인물들을 짜리몽땅하게 그려 작품을 희화화했으며 제일 밝은 빛을 받는 여인으로 자신의 부인을 그림에 포함시켰다.

Rembrandt Self-portrait, 1660

Night Watch, 1642

백 마디의 말보다 스쳐 지나가는 눈빛이 마음속에 있는 감정을 오히려 더 정확히 나타낸다. 눈은 희로애락의 감정을 모두 적나라하게 표현할 수 있다.

자유를 갈망하는 눈

심프슨은 그의 대표작 〈포로 노예〉의 영웅적인 영상을 통해서 노예거래의 부당성에 대해서 대담한 진술을 하고 있다. 그림이 그려진 당시, 영국에서는 아직 노예 거래가 합법적으로 이루어지고 있었으나 이에 관한 비도덕성과 정치적인 이슈가 부각되고 있었다. 작품에서 수갑이 채워진 노예의 눈은 울분의 감정을 나타내고 있으며 위를 향해 응시하는 그의 눈과 풍부한 표정은 자유를 향한 강한 갈망을 나타내고 있다. 이 그림이 그려진 지 6년 후 영국에서는 노예거래금지법이 채택되었으며 오늘날은 노예폐지운동의 상징으로 간주되고 있다.

미술 | 심프슨은 초상화로 유명한 영국 화가로서 신고전주의, 낭만주의 화풍의 그림을 그렸다. 그는 화가로서의 엘리트 코스를 거쳐 리스본에 머물면서 저명인사들의 초상화를 그렸으며 나중에는 포르투갈 여왕의 화가로 임명되었다. 그림은 포르투갈

D. Maria II, Queen of Portugal, 1837

John Philip Simpson, The Captive Slave, 1827

여왕 D. Maria II의 초상화이다.

물리 | 명시거리

책을 읽을 때 눈이 피로를 느끼지 않는 가장 가까운 거리를 명시
거리라고 하며 일반적으로 명시거리에서 책을 읽는다. 정상적인
시력의 경우, 명시거리는 25㎝이다. 원시안인 경우는 명시거리가
25㎝ 이상이며 볼록렌즈로 초점거리를 맞추고 근시안인 경우는
명시거리가 25㎝ 이하이며 오록렌즈로 초점거리를 맞춘다.

책 읽기 좋은 거리

젊은 성직자가 외출복을 입은 상태로 침대에 기대어 서서 잠깐의 여
유 시간을 할애하여 책을 읽고 있는 모습을 뢰르비에는 〈젊은 성직자
독서〉에서 밝은 분위기로 표현했다.

미술 | 뢰르비에는 장르 작품과 풍경
화로 잘 알려진 덴마크 회화 황
금기의 중심인물이었다. 그는
수많은 여행을 하면서 이탈리
아와 터키의 풍경과 민속생활
의 단면을 묘사한 풍속화와 아
울러 초상화를 많이 그렸다. 〈
화가의 창에서 보는 풍경〉은 뢰

View from the Artist's Window, 1825

Martinus Rorbye, Young Clergyman Reading, 1836

르비에가 젊은 시절에 그린 그림으로 부모의 안전한 집과 탁 트인 넓은 공간 사이의 경계에 있는 열린 창문에 걸려 있는 새장에 갇힌 새를 묘사함으로써 그가 나중에 많은 여행을 할 것을 예고하고 있다.

? 명언

- 눈이 먼 것보다 더 안 좋은 것은 볼 수는 있지만 비전이 없는 사람이다. (헬렌 켈러)
- 눈에는 눈을 고집하면 모든 세상의 눈이 멀게 된다. (마하트마 간디)
- 나는 보기 위해 눈을 감는다. (고갱)

독서하는 여인

카사트의 주제는 현대사회와 연결되어 있으며 인상파의 초기 시절에 그녀는 종종 중상류층 여인들의 사회활동에 매료되었다. 〈발코니에서〉는 정원에서 모닝 드레스를 입은 여인이 독서하는 모습을 묘사하고 있다. 특히 독서의 주제가 신문이라는 점을 통하여 그녀가 현대화된 여성임을 부각하고 있다.

물리 | 독서에 적합한 거리는 25cm이다.

동물들의 눈

동물들은 사람과 다른 특성을 가진 눈을 가지고 있다. 높은 하늘을 날면서 먹잇감을 사냥하는 맹금류의 새들은 뛰어난 시력을 가지고 있으

Mary Cassatt, On a Balcony, 1878/1879

제5장 | 빛

며 야행성 동물들은 색맹이다. 또한 개구리는 날아다니는 파리를 잡기 좋은 눈을 가지고 있으며 뱀은 적외선도 볼 수 있는 눈이 있으므로 어두운 밤에도 먹이를 잡을 수 있다.

독수리와 매의 날카로운 시력

독수리나 매의 시력은 인간보다 3~4배 더 좋으며 높은 상공을 날면서 사냥감을 발견한다. 독수리는 수 km 밖에서도 토끼를 볼 수 있으며 매는 500m 높이에서 두더지를 사냥감으로 점 찍고 시속 100마일로 사냥감에 접근하면서도 초점을 유지할 수 있다.

색깔에 예민한 새

새들은 지상에 있는 어떤 동물들보다도 색깔에 대한 감각이 예민하다. 예를 들어 비둘기는 수백만 가지의 색깔을 볼 수 있을 뿐 아니라 색깔의 미세한 변화를 컴퓨터보다 더 잘 감지할 수 있다.

색깔을 보고 익은 과일을 고르는 원숭이

오드리는 프랑스의 루이 15세로부터 동물 및 정물화가로서의 능력을 인정받아 왕으로부터 많은 작품을 의뢰받았다. 그는 〈원숭이, 과일, 꽃이 있는 정물화〉에서 먹음직하게 잘 익은 과일을 나타낸 정물화와 함께 음식에 탐욕스러운 장난꾸러기 원숭이를 등장시켜 원숭이가 포도송이를 낚아채는 역동적인 그림을 그렸다. 관능적인 프렌치 로코코 취향은 농익은 과일과 꽃에 나타나 있으며 작품이 만들어진 당시에 이러한 그림들은 식당을 장식하는 데 많이 사용되었다.

Jean-Baptiste Oudry,Still Life with Monkey, Fruits, and Flowers, 1724

미술 | 오드리는 프랑스의 초상화가이자 장르화가로서 역사, 풍경, 과일, 꽃, 새, 동물 등 다양한 소재를 그렸다. 특히 자연 속의 동물과 사냥감을 묘사한 그림이 압권이다. 그의 대표

Clara le Rhinoceros, 1749

작 중에는 유럽 전역에서 관심을 끌기 위해 전시되었던 실물 크기의 〈인도코뿔소〉 클라라가 있다.

물리 | **원숭이는 색깔에 민감하다**

원숭이는 사람보다 색깔을 보는 능력이 훨씬 뛰어나다. 또 색깔에 대단히 민감하여 과일의 색깔을 보고 익은 과일을 딴다.

움직임에 민감한 고양이와 개구리

고양이는 움직이는 먹이만 잡을 수 있다. 그래서 쥐가 고양이 앞에서 움직이지 않고 가만히 있으면 고양이는 눈의 초점을 맞출 수가 없다. 고양이 앞에서 쥐가 꼼짝하지 않고 있는 것은 고양이의 특별한 시각적인 반응을 쥐가 이용하는 것인지도 모른다.

개구리의 시야에는 모든 영상이 회색으로 흐릿하게 나타나고 움직이는 물체만 보인다. 만일 파리가 개구리 근처에서 날고 있으면 개구리가 명확히 볼 수 있는 것은 파리뿐이므로 개구리는 공중을 날고 있는 파리를 쉽게 잡을 수 있다.

어둠 속의 풍경

1870년대 초에 휘슬러는 야경 시리즈를 통해 색의 추출에 관한 근본적인 작업을 했으며 〈야경: 파란색 및 금빛 사우샘프턴 바다〉를 통해 저녁의 조용함을 나타냈다. 야경을 주제로 한 이 작품은 사우샘프턴 근처의 영국 해협에 있는 포구에서 그린 것으로서 점점 다가오는 밤에 의해서 모든 풍경이 명확하지 않고 어두우며 희미한 모습을 나타낸다. 대형

선박조차 깊어지는 여명에 의해 유령같이 희미하고 불분명하게 보이며 그나마 밝은 곳은 미묘한 빛의 반사와 조각난 둥근 달뿐이다. 그리하여 전반적으로 이 작품은 어둠의 조화를 나타냈다.

물리 | 빛이 약하게 비치는 어둠 속에서는 물체의 형태만 희미하게 나타나고 색깔은 잘 보이지 않는다. 그래서 올빼미는 밤에도 잘 볼 수 있게 진화했지만 밤에 주로 활동하는 대부분의 야행성 동물들은 색깔에 둔감하며 색맹이다.

미술 | 휘슬러는 회화에서 감성과 도덕적 암시를 피했으며 예술을 위한 예술을 신조로 삼았다. 그는 회화와 음악 사이의 유사점을 발견하고 그의 작품을 배열, 하모니, 야상곡 등으로 명명하여 음조 조화의 우선성을 강조했다. 그의 대표작은 일명 "휘슬러의 어머니"라고 불리는 〈회색과 검정의 배열 1번〉이다. 이 작품은 모성으로 패

Arrangement in Gray and Black No.1, 1871

휘슬러의 서명

러디되는 초상화로서 미국의 아이콘이자 빅토리아 시대의 모나
리자로 묘사되고 있다. 휘슬러는 작품뿐 아니라 독특한 모양의 서
명으로도 유명하다. 특히 그의 서명은 꼬리에 긴 침이 있는 나비
의 모양을 취하고 있어 대단히 특이하다.

어두운 밤에 잘 보는 올빼미

올빼미는 야행성 조류이므로 낮에는 거의 눈을 감고
있으나 밤에는 축구경기장에 촛불 하나만 있어도 쥐를
잡을 수 있을 정도로 아주 희미한 불빛만 있어도 잘 볼
수 있다. 올빼미가 밤에 잘 볼 수 있는 것은 눈이 커서
많은 양의 빛을 받아 들이기 때문이다.

한밤중의 사냥

랜시어는 여명 속에서 방금 끝난 사슴 사냥의 순간을 〈부상당한 사슴
과 개〉에서 묘사하고 있다. 아직 어둠이 완전히 가시지 않은 희미한 빛

Edwin Henry Landseer,
Wounded Stag and Dog,
About 1825

속에서 수사슴은 다리를 꿇고 땅에 쓰러져 있고 사냥개는 혹시나 도망
갈지 모를 사냥감을 노려보고 있다.

물리 | **야행성 동물들은 색맹이다**

대부분의 동물들은 야행성이다. 따라서 이들은 색깔을 볼 필요가
없어서 색맹인 경우가 많다. 개, 고양이, 소는 색깔을 판별할 수 없
는 색맹이다. 그리고 대부분의 야생동물들도 색맹이다. 그 이유는
동물들이 원래 야행성을 가졌다는 데에 기인한다. 개는 노란색과
파란색만 구분할 수 있으며 고양이는 아주 약간의 색깔만 감지한
다. 그러나 어두운 밤에는 개와 고양이가 사람보다 더 잘 보며 거
리 감각도 뛰어나다. 개뿐 아니라 대부분의 동물들은 색맹인데 이
는 원래 동물들이 밤에 활동하는 야행성이기 때문인 것으로 생각
되고 있다.

미술 | 랜시어는 영국 빅토리아 시대의 조각가이자 동물화가로서 동물, 특히 말, 개, 사슴 등의 그림으로 잘 알려져 있다. 그의 초창기 작품인 〈고난에 처한 여행자를 구해주는 알파인 마스티프〉는 눈 속에 묻힌 남자를 구해 주는 두 마리의 개를 묘사하고 있는데 이 그림으로 인해 알프스의 세인트버나드 구조견이 브랜디가 담긴 작은 상자를 목에 걸고 다니게 된 기

Alpine Mastiff Reanimating a Distressed Traveller, 1820

The Lions of Trafalgar Square

원이 되었다. 그의 구조견 그림이 선풍적인 인기가 있어서 흰색과 검은색이 섞인 뉴펀들랜드 개의 공식적인 명칭이 랜시어가 되었다. 동물 그림에도 불구하고 랜시어의 대표작은 런던 트래펄가 광장의 넬슨 기둥 아래에 조각된 네 마리의 청동 사자상이다.

물리 | 색맹은 원자설을 제창한 돌턴에 의해서 우연히 발견되었다. 돌턴의 가족들은 경건하고 절제된 삶을 사는 성실한 퀘이커 교도였는데 돌턴이 26세 때 모친의 생일선물로 점잖은 파란색 스타킹을 선물했는데 그것이 선정적인 빨간색이어서 어머니와 가족들이 굉장히 당황했다고 한다. 그리고 국왕을 알현할 때 회색 예복을 입

었는데 사실은 그 옷이 빨간색이어서 사람들로부터 핀잔을 듣고 돌턴은 자신이 다른 사람들처럼 색깔을 모두 구별하지 못한다는 것을 깨닫고 최초로 색각이상을 연구했다. 그는 사망 시 색맹 연구를 위하여 자신의 안구를 기증했으며 1995년 사후 150주년 기념으로 보존되었던 안구에서 유전자 검사를 한 결과 돌턴은 유전적으로 적록색맹임이 확인되었다.

소는 빨간색에 예민하지 않다

마네는 스페인을 여행하면서 투우 경기를 보고 깊은 충격을 받았다. 그는 자기 친구에게 쓴 편지에 마드리드에서 본 투우의 감상을 가장 멋지고 신기하며 무서운 장면이라고 했다. 그는 투우장에서 빠르게 스케치하여 몇 폭의 그림을 그렸다. 〈투우〉에서 마네는 투우사와 소가 경기를 통해서 서로 마주치는 모습이라든가 투우사가 탄 말이 소뿔에 찔려 모래 위에 쓰러져서 죽어가는 모습 등을 사실대로 표현했다.

Edouard Manet, Bullfight, 1865/1866

물리 | 소는 색맹이다. 그런데도 소가 붉은 천에 덤벼드는 이유는 천의 색깔 때문이 아니라 망토의 펄럭이는 움직임 때문이다. 투우사가 소 앞에서 빨간색 천을 사용하는 것은 소보다는 관중들을 흥분시키기 위한 것이다.

소는 색맹이다

포테르의 〈목장의 울타리 곁에 있는 두 마리 암소와 어린 황소〉는 자연의 날카로운 관찰을 통해 전원에 있는 소들과 대기의 효과를 민감하게 묘사한 것이다. 힘이 넘치는 젊은 황소가 풍경을 압도하는 대신에 구름에 덮인 하늘을 배경으로 다이내믹한 실루엣으로 표현했다.

Paulus Potter, Two Cows and a Young Bull beside a Fence in a Meadow, 1647

미술 | 포터는 풍경화 속의 가축을 전문적으로 그린 네덜란드 화가였다. 그는 28세에 결핵으로 요절하기까지 100여 점의 작품을 꾸준히 그렸다. 그의 대표작 〈The Young Bull〉은 그가 자연에서 그린 풍경에 소의 그림을 그려 넣은 것이다.

The Young Bull, 1647

서로 다른 색을 구별하지 못하거나 혼동하는 것을 색맹이라고 한다. 보통 적색과 녹색을 구분하지 못하며 청색과 황색을 구분하지 못하는 경우도 있다. 무지개를 바라보면 정상적인 눈의 경우

- 일반적인 무지개 (형광)

- 적록 색맹이 본 무지개

- 청황색맹이 본 무지개

는 빨강, 주황, 노랑, 초록, 파랑, 남색, 보라색 등의 일곱 가지 무지개색이 명확히 보이지만 적록색맹의 경우는 빨간색이 녹색처럼 보이고 청황색맹은 노란색이 푸르게 보인다.

색맹검사

색맹은 색깔을 구별하지 못하므로 붉은색 점 사이에 초록색 점을 늘어놓아 숫자를 만들면 정상인들은 두 가지 색을 구분하므로

숫자가 보이지만 색맹은 색깔이 구분되지 않으므로 숫자를 인지하지 못한다. 아래 그림은 정상인들이 보면 왼쪽 그림처럼 숫자가 보이지만 적록색맹의 눈에는 오른쪽 그림처럼 아무런 숫자도 보이지 않는다.

달리면서도 좌우를 보는 말

마네는 〈롱샴에서의 경기〉에서 현대생활의 즐거움에 초점을 맞추면서 파리의 외곽 지역에서 열린 경마 장면을 그렸다. 그림에서 둥그런 고리가 장대 위에 걸려 있는 것으로 보아 지금 이 순간은 말이 결승선을

통과한 마지막 순간
의 기록 장면임을 알
수 있다. 그런데 이
그림의 특이한 점은
화가가 경기장의 측
면에서 경기를 관람

Edouard Manet, The Races at Longchamp, 1866

하는 입장에서 그린 일반적인 그림과 달리 마네는 과감하게 경마장의 관
중과 기수가 화면 앞을 향하도록 경기 장면을 구성했다. 그럼으로써 그
림을 감상하는 사람들을 자연스럽게 경마장 안으로 끌어들이고 있다.

물리 | 말은 시야가 넓어서 좌우를 동시에 살펴보며 달릴 수 있다.

시야가 넓은 말

엘 그레코는 세인트 마틴의 인생에서 가장 중요했던 순간을 〈세인트
마틴과 거지〉로 표현했다. 로마의 군인이었던 마틴은 매섭게 추운 어느
겨울밤에 추위에 떨고 있는 불쌍한 거지를 만나 자기가 입고 있던 옷의
절반을 그 거지에게 벗어준다. 그 일이 있은 후에 마틴은 그 거지가 예
수님이었다는 것을 꿈을 통해서 알게 되고 기독교인으로 전향한다.

미술 | 엘 그레코는 그리스의 화가로 스페인에서 주로 활동했다. 그의 본
명은 도미니크스 테오로코풀로스이지만 그리스인이라는 말을 이
탈리아식으로 불러 그의 별명이 엘 그레코가 되었다. 그의 작품은

El Greco(Dominikos Theorokopoulos), Saint Martin and the Beggar, 1597/1600

매너리즘 사조이며 선명한 색과 그늘진 배경의 대조, 긴 얼굴 표현 등이 특징이다. 대표적인 작품으로는 〈오르가스 백작의 매장〉 외 여러 편이 있다.

The Burial of the Count Orgaz, 1586/1588

물리 | 시야가 넓은 말의 눈

목초지에 살고 있는 말, 영양, 얼룩말 등의 포유동물은 항상 주위를 경계하며 풀을 뜯어 먹는다. 이러한 동물들은 측면으로 넓은 시야를 가지고 있어서 고개를 숙여 풀을 뜯어 먹는 동안에도 항상 적의 공격을 감지할 수 있다.

측면 공격을 감지하는 말의 눈

들라크루아는 바이런 경의 「동양 이야기」라는 시에 영감을 받아 〈하산과 이교도의 싸움〉을 화려한 장면으로 묘사했다. 그는 중앙에 있는 인물들의 반짝이는 금실로 장식한 조끼와 파도치는 듯한 의상을 표현하기 위하여 보석 같은 색깔을 사용했다. 이러한 세부적인 묘사는 무슬림 전사에게 복수를 하는

Eugene Delacroix, The Combat of the Giaour and Hassan, 1826

회교도의 격렬한 행동과 대비를 이룬다. 그는 북아프리카 사람들의 삶을 바탕으로 한 백여 점 이상의 그림을 제작했으며 오리엔탈리즘에 대한 관심을 나타냈다.

물리 | 말은 측면으로 넓은 시야를 가지고 있어서 항상 적의 공격을 감지할 수 있다.

미술 | 들라크루아는 프랑스 낭만주의 예술가이다. 그는 윤곽의 명확성과 신중하게 모델링 된 형태보다는 색상과 움직임에 수반되는 사항을 강조하면서 르네상스 화가들의

Liberty Leading the People, 1830

예술을 영감으로 받아들였다. 그의 표현적인 붓놀림과 색채의 광학적 효과에 대한 연구는 인상파의 작품에 심오한 영향을 미쳤으며 이국적인 것에 대한 그의 열정은 상징주의 운동의 예술가들에게 영감을 주었다. 그는 북아프리카 사람들의 삶을 바탕으로 한 그림을 백여 점 이상 제작했으며 오리엔탈리즘에 대한 관심이 많았다. 〈민중을 이끄는 자유의 여신〉은 그의 대표적인 낭만주의 작품이다.

움직임을 잘 감지하는 곤충

곤충들은 여러 개로 나누어진 홑눈
이 모여 이루어진 겹눈의 구조를 가
지고 있기 때문에 사람과는 대단히
다르게 물체를 본다. 우리 눈은 렌즈
가 한 개인데 반해서 곤충들은 수백

개 이상의 렌즈로 구성되어 있는 복합눈이므로 360도 시야를 완전히 볼
수 있다. 이러한 복합눈은 하나의 명확한 영상을 보는 대신에 약간 중첩
된 영상을 보며 움직임을 감지하는 데 뛰어난 성능을 가지고 있다. 특히
잠자리는 뇌의 활동이 빨라서 대부분의 운동을 슬로모션으로 인식하므
로 외부의 움직임을 쉽게 인지한다. 이것이 곤충을 잡기 힘든 이유이다.

움직임에 민감하고 자외선을 볼 수 있는 벌, 나비

〈꽃이 있는 정물〉에서 르동은 꽃병에 꽂힌 야생화의 꽃다발과 꽃 주위
를 맴도는 나비들을 적갈색의 색조를 바탕으로 화사하게 나타내고 있다.

미술 | 르동은 시적 감수성과 상상력을 지닌 상징주의 화가로서 힌두교
와 불교에 깊은 관심을 갖고 그의 작품에서 종교와 문화를 나타냈
다. 그의 그림은 자연에서 영감을 받으면서 신비함을 포함하고 있
는 환상적인 작품으로서 초현실주의로 간주된다. 경력 초기에는
목탄을 사용하여 느와르라는 작품 작업을 했으며 〈계란〉은 그의
느와르 중 하나다.

Odilon Redon, Still Life with Flowers, 1905

The Egg, 1885   Gustav Klimt, Kiss, 1907

미술 | 상징주의는 자연주의와 사실주의에 대한 반작용으로 은유적 이
미지를 통해 대상을 상징적으로 표현하고자 하는 예술사조로서
19세기 후반에 발생했다. 대표적인 화가로는 클림트, 뵈클린, 르
동 등이 있다. 〈키스〉는 클림트의 대표작이다.

물리 | 나비와 벌은 자외선을 감지할 수 있으며 곤충은 움직임을 민감하
게 감지할 수 있다.

자외선을 볼 수 있는 곤충

꽃들은 암술과 수술 부분 가까이 꿀이 저장된 부근에서 자외선을 내고 있는데 나비와 벌들은 가시광선뿐 아니라 자외선도 볼 수 있어서 꿀이 있는 곳을 쉽게 찾을 수 있다. 또한 구름 뒤에 가려진 태양의 위치도 쉽게 알 수 있다.

뱀은 적외선도 볼 수 있다

뱀은 두 가지의 눈을 가지고 있어서 낮뿐 아니라 밤에도 볼 수 있다. 그 중 한 가지는 색깔을 감지할 수 있는 보통의 눈이며 또 한 가지의 눈은 눈과 콧구멍 사이에 있는데 온도에 민감하며 적외선을 감지하여 열 영상을 볼 수 있다. 그래서 칠흑 같은 어둠 속에서도 먹이를 잡을 수 있다.

물속에서 잘 볼 수 있는 상어

상어는 사람이 볼 수 있는 밝기의 1/10의 밝기에서도 볼 수 있다. 또한 전기장을 감지할 수 있는 특별한 세포가 있어서 멀리서 물고기가 모래 속에 깊숙이 숨어 있어도 찾아서 잡아먹을 수 있다.

2. 빛의 파장

빛은 전자기파의 일부분이다. 전자기파에는 파장이 짧은 감마선부터 파장이 긴 라디오파까지 분포되어 있다. 이들 중 파장이 400~700nm의 영역에 있는 가시광선과 그 주변에 있는 적외선 및 자외선을 통틀어 빛이라고 한다. 가시광선은 파장에 따라 빨강, 주황, 노랑, 초록, 파랑, 남색, 보라색 등의 고유한 색깔을 나타낸다. 이들 중 보라색의 파장이 가장 짧고 빨간색 파장이 가장 길다.

불빛에 비친 어린이

혼트호르스트의 〈불붙은 나뭇조각을 부는 소년〉에서는 한 소년이 관객을 응시하면서 막대기에 붙은 불을 불고 있다. 소년은 16세기 의상과 깃털 달린 베레모를 쓰고 입으로 불을 조절하면서 초에 불을 붙이려 하고 있다. 불이 붙은 나뭇조각에서는 불꽃이 날고 소년의 얼굴에는 빛과 그림자가 비치고 있다.

Gerrit van Honthorst, A Boy Blowing on a Firebrand, 1621/1622

미술 | 혼트호르스트는 궁정 구성원들을 대상으로 개인 초상화와 아울

러 그룹 초상화를 전문적으로 그렸으며 종교화도 많이 그렸다. 그는 인공으로 조명된 장면의 묘사로 유명하며, 종종 하나의 촛불로 밝혀진 장면을 그렸다. 그의 작품 중 〈대사제 앞의 그리스도〉는 한 개의 촛불로 밝혀진 빛과 어둠 사이의 강한 대비를 나타내고 있다.

Christ before the High Priest, 1617

물리 | 그림에서 소년의 옷이 빨간색과 초록색으로 보이는 것은 불빛에 포함되어 있는 빨간색과 초록색 빛이 옷에서 반사되었기 때문이며 다른 여러 가지 색깔이 나타나는 것도 불빛 속에 그러한 색들이 포함되어 있기 때문이다.

빛의 세기

햇빛의 세기는 색깔마다 다르며 노란색이 가장 강하다. 그리고 가시광선 중 파장이 가장 짧은 보라색보다도 파장이 더 짧은 자외선과 빨간

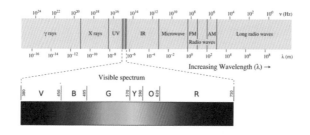

색보다도 파장이 더 긴 적외선은 우리 눈에는 보이지 않는다.

노란 모래사장

세뤼지에는 추상미술의 선구자이자 후기인상파 화가이다. 그는 젊은 시절 르폴드에 있는 작은 해안가 마을에 도착하자마자 장엄한 풍경의 해변에 압도되었다. 그리고 이 마을에서 1889년 가을과 1990년 여름에 고갱과 함께 그림을 그리곤 했다.

Paul Serusier, The Beach of Les Grands Sables at le Pouldu, 1890

〈르폴드에 있는 그랜드 세이블 해변〉에서 세뤼지에는 이 지역에서 알려진 전통적인 관습과 의상을 최우선으로 하는 대신에 자연을 일깨우는 광대한 모래 언덕과 바람에 휩쓸린 나무를 짧게 나누어진 붓의 움직임으로 예술적인 형태로 묘사했다. 그림의 왼쪽 아래 구석에 있는 작고 빨간 덩어리들은 농토를 비옥하게 하려고 근처 농부들이 추수한 해초 더미들이다. 세뤼지에는 현대화에 대한 고갱의 혁명적인 생각을 파리에 있는 젊은 세대에게 전파하는 데 중요한 역할을 했다.

물리 | 노란색이 눈에 잘 띄는 것은 햇빛에 노란색의 세기가 가장 강하기 때문이다. 전등 불빛 아래서는 노란색이 잘 안 보이는 경우가 많

은데 이것은 햇빛과는 달리 전등 불빛에는 노란색이 약하게 포함되어 있기 때문이다.

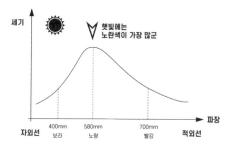

노란색은 경고를 나타낸다

위험을 나타내는 도로표지판이 노란색이며 어린이들이 입는 비옷이나 뉴욕의 택시가 노란색인 것은 눈에 잘 띄게 하기 위해서이다. 노란색이 강하게 보이는 것은 햇빛에 노란색이 가장 많이 들어 있기 때문이다.

투명한 크리스털 궁전

피사로는 프러시아의 침략을 벗어나 한동안 프랑스를 떠나 런던 외곽에 머물면서 철로 뼈대를 만들고 건물 전체를 유리로 둘러싼 크리스털 궁전

Camille Pissarro, The Crystal Palace, 1871

365

을 그렸다. 당시에 이 건축물은 세계 최대의 현대건축물이라는 갈채를 받았다. 피사로는 〈크리스털 궁전〉에서 세계 최대의 건축물을 캔버스의 왼쪽 한 옆에 배치하고 현대생활을 하는 중류층 가정과 마차들의 행렬에 더 넓은 면적을 분배함으로써 건축물보다는 인간의 중요성을 강조했다.

물리 | 가시광선은 유리를 통과하므로 크리스털 궁전이 투명하게 보인다.

온실에서 햇빛을 즐기는 여인들

블레헨은 〈포츠담 근교 파우에닌셀의 종려나무 집 내부〉에서 무성한 종려나무와 인도 사원의 단편이 있는 건물과 아울러 관객이 이국적인 상상을 할 수 있도록 의도적으로 아름다운 동양적인 여인들이 살고 있는 환상적인 모습을 함께 나타내고 있다. 종려나무 집은 실제로 포츠담

Carl Blechen, The Interior of the Palm House on the Pfaueninsel near Potsdam, 1834

View of Assisi, 1832/1835

근처에 있는 이국적인 즐거움을 선사하는 곳으로 알려진 건물이다.

미술 │ 블레헨은 독일의 풍경화가로서 그의 독특한 스타일은 자연의 아름다움을 낭만주의 기법으로 신비스럽고 향수를 불러일으키게 묘사하는 것으로 정평이 나 있다. 〈아시시 전경〉은 그의 낭만주의 풍경화이다.

물리 │ **유리온실에서는 선탠을 할 수 없다**

유리온실의 내부가 잘 보이는 것은 가시광선이 유리를 통과하기 때문이다. 또한 햇빛이 유리온실에 비치면 온실 내부가 더워지는 것은 적외선이 유리를 통과하기 때문이다. 그러나 자외선은 유리를 통과하지 못하기 때문에 온실 속에서는 선탠을 할 수 없다. 즉 유리온실에서 식물을 재배할 수는 있지만 일광욕을 할 수는 없다. 또한 모든 빛이 우리 눈에 보이는 것은 아니다. 뜨겁게 달구어진 전기다리미에서는 눈에 보이지 않는 적외선이라는 빛이 나오고 있어 뜨겁지 않은 줄 알고 무심코 전기다리미를 손으로 만졌다가 화상을 입는 수도 있다. 적외선은 눈에는 보이지 않지만 열에너지를 가지고 있기 때문이다. 최근에는 텔레비전이나 전자오락기에 의한 간질 발작이 문제가 되고

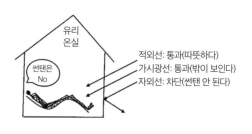

있다. 이것은 광과민성 간질 발작이라고 해서 텔레비전 혹은 컴퓨터에서 나오는 전자파나 자외선 등에 의해 특이 체질인 경우 간질 발작이 일어날 수도 있기 때문이다.

푸른 호수에서의 뱃놀이

이 작품은 마네의 처남 로돌프랜호프와 여인이 센강에서 뱃놀이를 하는 모습인데 넓은 면에 걸쳐서 섬세한 터치로 칠해진 파란색과 대각선 구도는 야외활동의 모습을 시원하게 만들고 있다.

Edouard Manet, Boating, 1874/1875

물리 | 푸른 바다와 수중창

물 분자는 파란색을 제외하고는 빛을 많이 흡수한다. 그러므로 물속에서 잘 통과하는 파란색 스펙트럼 영역을 수중창이라고 한다. 물속에서 빛의 흡수 특성은 물 분자의 구조에 기인한다. 파란색 파장 영역에 있는 광자는 물 분자의 전자를 더 높은 에너지 준위로 겨우 올릴 수 있을 정도의 크기이므로 물 분자와 강하게 상호 작용을 일으키지 않는다. 그러므로 물 분자는 이 파장 영역에서 최소 흡수계수를 가진다. 파란색보다 짧은 파장의 광자는 물 분자의 원자전이를 일으키기에 충분한 에너지를 가지고 있으므로 자외선은 물 분자와 강하게 작용하여 자외선의 흡수계수는 급격히 증가한다. 파란색보다 긴 파장의 빛에 대해서는 물 분자의 기본적인 진동 모드와 회전 모드를 여기시키기에 적합한 에너지를 가지고 있으므로 흡수계수는 대단히 급격히 증가한

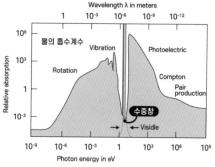

다. 오직 파란색만 물과 활발히 상호작용을 일으키지 않으며 이것이 물속에서 파란색이 급격히 약해지지 않는 이유이다. 즉 호수나 바닷물이 파란 이유는 파란색이 수중창을 가장 많이 통과하기 때문이다.

푸른 바다

〈레스타크에서 바라본 마르세유만〉은 스케일이나 해상도 면에서 세잔이 마르세유에서 불과 몇 마일 떨어진 지중해 낚시 마을인 레스타크에서 그린 풍경화들 중에서 최고의 작품이다. 1880년대 초반 세잔은 가정생활의 복잡성으로부터의 안식처로 레스타크를 선호했다. 그곳은 세잔의 장엄한 풍경화의 영감을 얻게 했으며 구조에 따른 붓의 움직임을

신중하게 하고, 파란색과 황
토색의 균형 잡힌 멋진 팔레
트를 구성하게 했다.

Paul Cezzane, The Bay of Marseilles, Seen from
L'Estaque, About 1885

물리 | 바닷물은 왜 파란색일까?

바닷물 자체는 투명하
지만 바다는 파랗게 보
인다. 바닷물이 파랗게
보이는 것은 햇빛이 호수나 바다를 통과하면서 파란색을 제외한
다른 색깔의 빛이 모두 흡수되고 파란색만 우리 눈에 들어오기 때
문이다. 그러나 컵에 담긴 물이 무색으로 보이는 것은 물 깊이가 최
소 3m는 넘어야 빛이 흡수되는 '청색효과'가 나타나기 때문이다.

수중탐사

바닷속에 가라앉은 난파선
은 푸른색으로 보이는데 이것
은 청록색 광선은 물속에서 크
게 감쇄되지 않고 먼 거리를 전
파되기 때문이다. 이러한 특성
은 청록색 레이저를 이용한 수
중통신과 수중탐색 등의 분야
에 활용된다.

물속에서는
모두 푸르게 보인다

3. 반사

빛이 공기 속을 진행하다 가 공기와 다른 물질의 경계 면에 입사되면 되돌아오는

정반사

난반사

현상을 반사라고 한다. 우리가 어떤 물질을 볼 수 있는 것은 빛이 반사되기 때문에 가능하다. 빛이 매끄러운 면에서 반사할 때와 거친 면에서 반사할 때 전혀 다른 양상을 나타낸다. 반사면이 거울처럼 매끈할 때를 정반사라고 하는데 이때는 평행하게 입사한 광선은 평행하게 반사되며 반사면에 물체의 모습이 비친다. 이에 반해 거친 면에서의 반사를 난반사라고 하는데 이때는 평행으로 빛이 입사되면 반사광이 사방으로 흩어지므로 물체의 모습이 반사되지 않는다. 영화관의 스크린은 주변의 다른 물체는 반사되지 않고 오로지 영상만을 맺도록 하기 위하여 난반사되는 물질을 사용한다.

비에 반사된 광장

〈파리의 거리; 비 오는 날〉에서 카유보트는 전형적인 인상파의 주제에 범상치 않은 거대한 건물을 등장시키고, 캔버스의 구성을 컨트롤하여

Gustave Caillebotte, Paris Street; Rainy Day, 1877

파리의 도시 풍경을 변화시킨 새로운 거리를 탄생시켰다. 그 결과, 이 작품은 사실적이면서 묘하게 분리된 인물들과 함께 새로 창조된듯한 느낌을 주는 익명의 거리를 묘사하고 있다. 이 그림이 인상파 전시회에 출품되었을 때 카유보트는 29세의 가장 젊고 활동적인 인상주의 화가의 멤버였다.

물리 | 마른 보도블록은 빛을 사방으로 퍼뜨리므로 잘 반사되지 않으나 비

마른 보도블록

비에 젖은 보도블록

에 젖으면 훨씬 더 잘 반사된다. 이는 보도블록이 젖으면 물이 울퉁불퉁한 부분을 채워 넣어 정반사가 일어나 반짝이게 된다.

잘 닦은 구두는 왜 거울처럼 반짝이나?

잘 닦지 않은 구두는 반짝이지 않는다. 그러나 구두약을 칠하고 표면을 매끈하게 문지르면 반짝반짝 윤이 나면서 거울처럼 얼굴도 비친다. 이것은 왁스와 같은 화학성분을 가진 구두약이 스크래치나

움푹 파인 곳에 채워져 표면이 거울같이 부드럽게 되어 반사가 잘 되기 때문이다.

반사율

입사광에 대해 반사하는 빛의 정도를 반사율이라고 한다. 재료에 따라 반사율이 다른데 잔디밭은 1~2% 정도로 굉장히 작으며 콘크리트는 5~10%, 모래사장은 15~20%이다. 스키장의 하얀 설면이나 실외수영장의 수면은 80~100%로 대단히 반사가 잘 된다. 지구와 달도 빛을 반사하는데 지구의 평균 반사율은 31%, 달은 12% 정도로 지구의 반사율이 달보다 더 크므로 우주에서 보면 지구가 달보다 더 밝게 보인다.

평면경

거울은 반사율이 거의 100%인 물질을 사용한다. 평면경의 경우는 물체가 거울의 앞에 있으면 영상은 거울의 뒤쪽에 실물과 같은 거리에 나타난다. 거울에 보이는 영상은 실물과 똑같은 모습이지만 좌우가 뒤바뀐 모습이며 거울의 뒤쪽에 있으므로 다가갈 수 없는 허상이다.

호수에 비친 집

몬드리안의 근본적인 비전은 풍경화에 뿌리를 두고 있으며 추상화 스타일의 작품 활동을 했다. 그는 고향인 네덜란드의 평면 토포그라피에 영감을 받아 1905년경에 이 농장을 처음으로

Piet Mondrian, Farm near Duivendrecht, About 1916

스케치했다. 그 후 〈뒤벤드리히 인근의 농장〉을 포함하여 자연주의적 인 구성의 농장 그림을 여러 해에 걸쳐 그렸다.

물리 | 잔잔한 호수에는 거울과 같이 주변의 풍경이 비친다. 호수에 비친 상은 실물과 똑같은 형태이지만 호수에 물체가 거꾸로 들어 있는 것처럼 위와 아래가 서로 뒤집힌 허상이다.

미술 | 몬드리안은 20세기 추상미술의 선구자로서 비구상적인 형태를 발전시켰다. 그의 그림은 강렬한 추상성이 특징이며 주된 모티브는 빨강, 파랑, 노랑 등의 원색을 가진 직사각형 면과 그와 섞인 흰색과 검은색 면, 그리고 가로 세로의 검은색 선들

Composition II in Red, Blue, and Yellow, 1930

이다. 이런 형태를 중요하게 다룬 그림은 신조형주의가 추구한 양식의 특징이 되었다. 패션 디자이너인 이브 생 로랑은 몬드리안의 작품에서 영향을 받아 몬드리안 룩을 선보였다. 그의 대표작 중 하나는 〈빨강, 파랑, 노랑의 구성 II〉이다.

미술 | 추상미술은 대상의 구체적인 형상을 나타내지 않고 점, 선, 면, 색깔 등의 순수한 조형적 요소로 표현한 미술사조이다. 형태와 색깔

은 각각의 고유한 느낌을
가지고 있으므로 자연의
대상과는 관계없이 형태와
색깔의 어울림만으로 화가
의 생각과 느낌을 표현하
는 것이다. 대표적인 화가

Wassily Kandinsky, Yellow-Red-Blue, 1925

로는 칸딘스키, 몬드리안, 말레비치 등이 있다. 칸딘스키의 대표
작으로 〈노랑, 빨강, 파랑〉이 있다.

거울 속의 그녀

랜드는 원래 초상화가로 활동했
다. 〈거울 앞의 여인〉은 자신 있는
붓놀림과 활기 넘치는 팔레트를 통
해서 역동적인 모습을 보여 준다. 이
작품은 새로운 것과 오래된 것 두 가
지 요소 모두에 대한 화가의 흥미를
나타낸다. 그림 속 인물은 19세기 의
상을 입고 있어 오래된 요소를 나타
내며 이것은 화가가 스페인 바로크
풍의 영향을 받은 것을 나타낸다. 한

Ellen Emmet Rand, Woman Before the Mirror, 1925

편 거울 속의 여인이 강렬하게 응시하는 것은 분명히 현대인으로서 단
호하게 주장하는 자기표현으로써 새로운 요소를 나타낸다.

미술 | 랜드는 초상화를 전문으로 하는 미국 화가이자 삽화가이다. 그녀는 루스벨트 대통령을 포함하여 정부관료, 기업인, 사회여성, 과학자, 교수 및 예술가와 그녀의 사촌 등 500점이 넘는 작품을 그렸다. 또한 미국의 유명한 월간 패션 잡지 〈VOGUE〉와 정치 잡지 〈Harper`s Weekly〉에 삽화를 그렸다.

Franklin Delano Roosevelt, 1933

물리 | 평면경은 좌우 대칭의 모습으로 나타난다. 또한 실물은 뒷모습만 보이더라도 거울을 통해서 앞모습을 볼 수 있다.

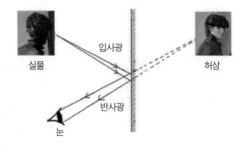

거울 속에 비친 술집 내부

〈폴리스-버거Folies-Bergere의 술집〉은 나이트클럽의 한 장면을 묘사하고 있다. 이 그림은 장면을 자세하게 묘사한 사실주의에 기초했으며 그림이 그려진 해에 파리 살롱에 전시되었다. 이 작품에서 중앙 인물이 거울 앞에 서 있으며 대중들은 거울 속에 비쳐 보이고 있다. 술집 소녀는 프레임 밖을 쳐다보고 있으며 그림자 같은 남성 인물에 의해서 관찰된다. 전체 장면은 카운터의 뒤에 있는 거울에 반사되어 보이며 복잡한 시야를 만들어 낸다. 벽은 그림의 내부 구조를 이루며 전등은 공간적 깊이를 준다. 마찬가지로 인물들도 거울에서 반사되며 여인은 앞을

Edourd Manet, A Bar at the Folies-Bergere, 1882

응시하는데 그림 속의 남성은 화가 자신이다. 특히 남성 화가와 여성 모델, 그리고 방관자로서 보는 사람의 역할이 그림에서 넌지시 암시된다.

물리 | 거울을 바라보면 앞과 뒤를 동시에 볼 수 있다.

세계 최초의 잠망경

한나라 시대의 기록을 보면 농부가 눈치채지 못하게 주인이 집 안에서 농부의 행동을 살펴보았다고 한다. 그러기 위해서 집 안쪽에 기다란 막대를 세우고

막대 끝에 큰 거울을 높이 걸고 장대의 하단부에 물이 담긴 물동이를 두

었다. 그러면 농부의 모습이 물동이에 비
쳐서 보였다고 한다. 이것은 거울의 반사
원리를 사용하여 외부 상황을 관측할 수
있도록 한 잠망경의 초기 형태이다.

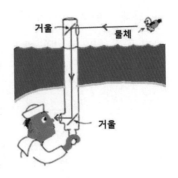

　오늘날의 잠망경은 평행한 관 내부의
양 끝에 한 쌍의 거울을 설치하여 상대
방이 직접적으로 관찰할 수 없게 만든 장치이다. 요즘은 거울 대신에 프
리즘 또는 섬유광학을 사용하여 잠수함을 비롯한 각종 분야에서 응용
되고 있다.

볼록거울

　볼록거울로 물체를 보면 실제 거리보다 더 먼 곳에 있는 것처럼 보이
고 시야는 더 넓다. 이러한 특성을 이용하여 자동차의 백미러는 볼록거
울을 쓴다. 또한 백화점의 천장에 달린 도난 방지 거울도 볼록거울을 사
용한다.

자동차 사이드미러

도난 방지용 거울

오목거울

오목거울은 물체의 거리에 따라 배율이 달라진다. 오목거울을 가까이에서 보면 얼굴이 확대되어 보이며 거울로부터 멀어지면 상이 거울 앞에 실상으로 나타난다. 물체가 가까이 있을 때 오목거울은 상의 위와 아래가 뒤바뀌지 않고 확대되어 보이므로 충치, 크랙 및 다른 이상을 점검하기에 유용하다. 그래서 치과의사들은 막대 끝에 달린 오목거울을 사용하여 환자의 이를 확대해서 본다. 내과의사들의 헤드 미러도 오목거울이다.

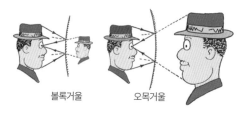

볼록거울   오목거울

4. 굴절

빛은 한 매질에서 다른 매질로 진행할 때 속도가 변하며 광선의 방향도 변한다. 이러한 파동의 성질을 굴절이라고 한다. 굴절은 물질의 굴절률이 클수록 그 물질을 통과하는 빛의 속도는 느려지기 때문에 생기는 현상이다.

예를 들어 굴절률 4/3인 물속에서 빛의 속도는 진공 중에서 빛의 속도의 3/4이다. 이러한 빛의 속도의 변화는 빛이 한 매질에서 다른 매질로 움직일 때 굴절을 일으키도록 만든다.

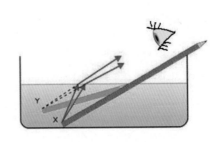

굴절현상에 의해서 물컵 속에 비스듬히 놓인 막대기는 굽어진 것처럼 보인다. 이러한 착각은 우리의 눈이 빛의 경로를 충실히 따라가지 못하며 우리의 두뇌는 두 광선의 연장선에서 맺힌 점으로부터 빛이 직진

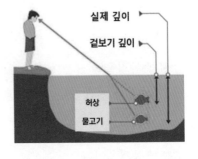

하여 우리 눈에 들어온다고 받아들이기 때문에 빛이 굽어져서 눈에 들어오는 것을 인지하지 못하고 막대가 굽어졌다고 생각한다.

수영장 바닥으로부터 나온 빛은 물 표면에서 굴절하므로 실제보다 더 얕게 보이고, 물속에 담긴 물체가 실제보다 더 낮게 보이는 것은 빛이 굴절되기 때문이다. 이와 같이 물의 표면에서 들어가거나 나오는 빛은 굴절에 의해서 구부러진다. 또한 빛의 굴절 때문에 물속에 있는 물고기의 겉보기 깊이는 실제 깊이보다 얕으므로 물고기는 실제보다 더 얕은 곳에 있는 것처럼 보인다.

해가 진 후에도 해가 보인다

클레는 표현주의, 초현
실주의 화가로서 '음악은
새로운 형태의 추상적 개
념을 만드는 열쇠'라는 생
각을 가진 예술가들에 동
조했다. 그는 음악의 시간
적 특성에 흥미를 가졌으

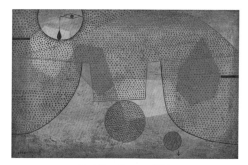

Paul Klee, Sunset, 1930

며 음악을 미술로 변환하는 것이 가능하다는 생각을 했다. 1930년대에
그는 보색의 색깔 이론과 점묘법을 사용했다. 〈일몰〉은 선형 구조, 형
태, 음색의 값이 관현악처럼 서로 조화를 이루어서 진동하는 영상으로
만들어질 수 있다는 클레의 리듬의 원칙을 보여준다. 그 결과로서 생기
는 구성은 균형 잡힌 정지 상태와 움직임, 얕음과 깊음 등을 나타낸다.

물리 | 겨울철에는 해가 진 후에도 해가 보인다

공기는 물보다 굴절률
이 대단히 작으므로 공
기를 통과하는 빛의 굴
절은 잘 감지되지 않지
만 겨울에는 미세한 변

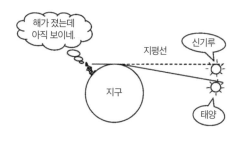

화가 나타나기도 한다. 예를 들어 겨울철에는 해가 지평선을 넘어
간 후에도 잠깐 동안 해를 볼 수 있다. 이것은 여름보다 겨울에 공

기의 굴절률이 더 크므로 겨울철에 빛이 더 많이 굴절되기 때문이다. 또한 겨울철에는 해가 갑자기 진다고 느껴지는 것도 겨울이 여름보다 공기의 굴절률이 크기 때문에 일어나는 현상이다.

미술 | 클레는 스위스, 독일 화가로서 추상화의 아버지, 초현실주의의 선조, 표현주의 화가로 불린다. 그는 현대예술에 대단히 중요한 색깔 이론을 연구하여 보급했으며 고도로 개성적인 스타일의 그림을 그렸다. 클레의 작품은 그만의 독특한 유머, 어

Senecio, 1922

린이같이 천진하게 꿰뚫어 보는 눈, 개인적인 분위기와 믿음, 그리고 음악성을 반영한다. 그의 대표작 〈세네시오〉는 노인이 되어가는 남자의 머리를 추상적으로 표현했다.

가려진 동전도 볼 수 있다

빈 물탱크나 사발에 동전이 떨어져 있는데 시야가 가장자리에 가로막히면 보이지 않는다. 그러나 물탱크나 사발에 물을 부으면 광선이 굴절되어 동전이 보인다.

(사발에 물을 붓기 전)

아무것도
안 보이네

공기

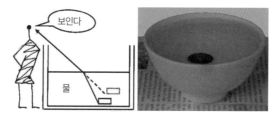

(사발에 물을 부은 후)

보인다

물

공기 중에서 빛의 굴절

빛은 진공 중에서 직진하지만 공기를 통과할 때는 각 지점에서의 공기의 굴절률에 따라 굴절되면서 진행한다. 밤하늘에 떠 있는 별이 반짝반짝 빛나는 것은 별빛이 우리에게 도달하기까지 서로 다른 여러 방향으로 움직이는 지구 대기권을 통과하면서 굴절되기 때문에 일어나는 현상이다.

아지랑이

봄이 되어 날씨가 따뜻해지면 아지랑이가 보인다. 아지랑이는 햇빛이 불균일한 공기층을 지나갈 때 생기는데 이러한 공기층에서는 굴절률이 균일하지 않으므로 햇빛이 여기저기 다르게 굴절되어 공기가 아른거리게 된다. 별이 반짝이는 것도 아지랑이와 같은 이유 때문이다.

반짝이는 별

대기권은 공기의 밀도가 불균일하므로 별에서 빛이 대기권을 통과할 때는 순간순간 임의의 방향으로 굴절하면서 구부러진다. 따라서 지상에서 별을 쳐다보면 이러한 임의의 굴절로 인해 별이 움직이는 것처럼 보이며 우리 눈에는 별이 반짝이는 것처럼 보인다. 따라서 공기가 없는 우주에서는 별이 반짝이지 않는다.

달은 왜 반짝이지 않나?

달은 별과 마찬가지로 불균일한 대기권을 통과하여 우리 눈에 보이지만 전혀 반짝이지 않는다. 그것은 달이 별보다 작지만 지구에 훨씬 가까우므로 우리 눈에 보이는 겉보기 크기는 별보다 훨씬 크기 때문에 달빛은 지구의 대기권을 통과하는 동안에 일어나는 약간의 변화에 의해 영향을 많이 받지 않기 때문이다. 마찬가지로 겉보기 크기가 별보다 훨씬 큰 행성에서 오는 빛도 반짝이지 않는다. 즉 달이나 행성은 별과 마찬가지로 대기권을 통과하여 우리 눈에 보이지만 겉보기 크기 때문에 행성, 위성, 달 등은 반짝이지 않는다.

5. 렌즈

빛이 균일한 매질을 통과할 때는 직진하지만 밀도가 서로 다른 매질을 통과할 경우에는 휘어진다. 이러한 성질을 이용하면 평행한 광선을 렌즈에 입사하여 빛이 한 점으로 모이거나 한 점에서부터 발산하는 렌즈를 만들 수 있다. 렌즈는 유리면을 볼록 또는 오목한 형태의 구면으로 연마하여 빛의 진행 방향을 변화시켜 주는 역할을 한다.

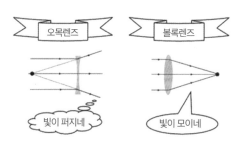

어항 속 물고기는 크게 보인다

마티스는 북아프리카와 중동 지역의 문화에 매료되어 이슬람 예술의 특징인 장식적 직물, 도자기, 타일 등을 그의 작품 소재로 사용했다. 〈어항 앞의 여인〉에서 직물로 만들어진 스크린과 금붕어 등은 마티스가 모로코 여

Henri Matisse, Woman before an Aquarium, 1921/1923

행을 통해 취득한 그림 소재이다. 또한 화면의 독특한 밝기와 시원한 팔레트를 통해서 이 작품에 친근감을 느끼게 되는 것은 작가가 여행을 통

해 터득한 내적 비전의 새로운 리듬에 기인한다.

물리 | 어항은 볼록한 형태를 가지고 있기 때문에 돋보기처럼 물체를 확대하므로 어항 속의 물고기는 크게 보인다.

초창기 안경

미국 화가 휘슬러는 독특한 외눈 안경, 플로피 모자, 우아한 외투를 입고 다니는 멋쟁이였다. 월터 그리브스는 초상화 〈제임스 맥닐 휘슬러〉에서 멋쟁이의 측면을 단조로운 색상을 사용하여 사실적으로 묘사했다.

미술 | 월터 그리브스는 휘슬러를 런던에서 만난 후 그에게서 그림 수업을 받은 영국 화가이다. 이후 그들은 약 20년간 친분을 쌓았으며 월터 그리브스는 휘슬러의 초상화와 케리커처를 여러 점 그렸다. 그의 대표작은 〈조정경기 하는 날〉인데 그가 이 그림을 그렸을 당시의 나이는 불과 16세였다.

Hammersmith Bridge on Boat-race Day, c1862

Walter Greaves, James McNeill Whistler, 1869

명시거리에서 초점이 망막에 맺히지 않을 때는 볼록렌즈나 오목렌즈를 사용하여 초점이 망막에 맺히도록 한다. 멀리 있는 것이 잘 보이지 않는 근시안은 영상이 망막보다 앞에 맺히므로 오목렌즈를 사용하여 상이 망막에 맺히게 한다. 가까운 것이 잘 보이지 않는 원시안 또는 노안은 초점이 망막보다 뒤에 있어 초점이 맞지 않는다. 이때는 볼록렌즈를 사용하여 초점을 앞당겨 주어 망막에 영상이 맺히게 한다.

근시안

초점이 눈 안에 있네.

원시안

초점이 눈 밖에 있네.

안경을 끼면 선명하게 보인다

〈아메리칸 고딕〉은 미국 중서부 시골 지역의 전형적인 농가와 고지식한 농촌 부부의 모습을 묘사한 작품이다. 그랜트 우드는 아이오와를 방문하면서 카펜터 고딕이라고 알려진 수수한 집에 영감을 받아 옛날 가치에 집착하는 편협한 빅토리아 부부, 즉 '아메리칸 고딕 피플'을 상

Grant Wood, American Gothic, 1930

상했다. 화가는 즉석에서 치과 주치의와 자신의 여동생을 모델로 하여 농부 부부 역할을 연출했다. 남자는 건초용 쇠스랑을 들고 있음으로 노동을 상징하고, 여자 뒤에는 화분을 놓아 가사의 상징으로 했다. 이 작품은 미술관에 전시되자 선풍적인 인기를 끌며 20세기 미국 미술의 대표적인 아이콘과 패러디가 되었다.

미술 | 그랜트 우드의 대표작 〈American Gothic〉의 모델로 등장했던 화가의 여동생과 치과 주치의가 그림이 그려진 지 십수 년이 지난 1942년에 본인들이 등장한 작품 옆에서 포즈를 취하고 있다.

안경을 끼고 꿈을 꾸는 슈베르트

슈베르트는 항상 안경을 끼고 있었다. 그는 꿈이 보이지 않을까 봐 잠을 잘 때도 안경을 벗지 않았다고 한다. 안경에 대한 최초의 기록은 수도사 로저 베이컨에 의해서 작성되었다. 13세기 중엽 몽고를 여행하던 영국의 수도사 루브룩은 몽고인들이 수정을 갈아 만든 렌즈를 거북의 등껍질로 만든 줄에다 매달아 쓰고 다니는 것을 보았다. 귀국한 후 그는 동료였던 로저 베이컨과 수정 안경에 대해 오랜 시간 이야기를 나누었고, 그로부터 몇 년 뒤에 로저 베이컨은 자신이 쓴 책에 볼록렌즈의 그림을 그려놓았는데 이것이 안경에 대한 최초의 기록이다.

안경을 낀 자화상

샤르댕은 정물화와 풍속화를 주로 그리는 화가였으나 납 성분이 들어 있는 물감을 오랜 기간 사용하여 눈에 문제가 생겨 말년에는 물감 대신에 파스텔을 사용하여 초상화를 그렸다. 그는 〈안경을 낀 자화상〉을 포함하여 13점의 뛰어난 파스텔 작품을 남겼는데 그중에 다섯 점이 자화상이다.

Jean-Simeon Chardin, Self-Portrait with a Visor, 1776

시력 측정

시력은 란돌트 링을 이용하여 측정한다. 란돌트 링은 굵기 1.5㎜인 철사로 직경 7.5㎜인 링을 만들고 링의 한끝에는 1.5㎜의 틈이 있다. 란돌트

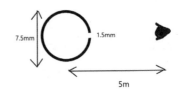

링을 5m 거리에서 보았을 때 철사가 완벽한 링이 아니라 틈이 벌어져 있음을 볼 수 있으면 시력 1.0이라고 한다. 만일 링과 틈의 크기가 1/2일 때도 틈이 벌어져 있음을 볼 수 있으면 시력은 2.0이고 링의 10배 크기일 때 겨우 틈을 볼 수 있으면 시력은 0.1이다.

6. 전반사

빛은 매질에 따라 속도가 다르므로 서로 다른 매질을 통과할 때는

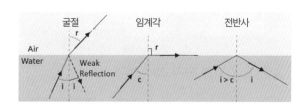

매질의 경계면에서 빛이 휘어진다. 특히 굴절률이 큰 매질에서 굴절률이 작은 매질로 빛이 입사할 때는 굴절각이 90°로 휘어질 수 있는데 이때의 입사각을 임계각이라고 한다. 만일 빛이 임계각보다 큰 각도로 입사하면 빛은 굴절하지 않고 모두 반사되는데 이것을 전반사라고 한다. 따라서 전반사는 굴절률이 큰 물질에서 작은 물질로 임계각보다 큰 각도로 빛이 입사할 때만 일어난다.

물속에서는 하늘이 둥글게 보인다

물속으로 들어가서 하늘을 올려다보면 하늘은 작고 동그랗게 보인다. 동그란 원 안에서는 빛이 굴절되어 하늘이 보이고 원 밖에서는 빛이 물

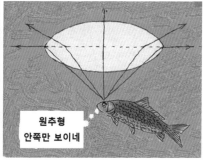

속으로 반사되어 물속에 있는 조개나 물고기들이 보인다. 이것은 물이 내부 전반사를 하므로 우리가 물 밖을 볼 수 있는 각도가 물 밖에서 보다 훨씬 작기 때문이다.

빛은 물줄기를 따라 휘어진다

빛은 직진한다. 그러나 병에 구멍을 뚫고 이곳을 통해 새어 나오는 물에 레이저를 비추면 물줄기를 따라서 빛이 나온다. 즉 빛은 일직선으로 나가지 않고 물을 따라 구부러진다. 이것은 레

이저 광선이 물줄기 안에서 연속해서 전반사하기 때문이다. 즉 물의 흐름은 전반사에 의해서 빛을 운반한다.

광섬유에서는 빛이 휘어진다

광섬유에 입사하는 빛의 입사각이 임계각보다 클 경우에는 내부면이 거울로 작동하여 입사광선이 100% 모두 반사하는 내부 전반사가 일어닌다. 따라서 내부

전반사가 연속적으로 일어나는 광섬유에는 거울이 들어 있지 않지만 '반사하는 튜브'라고 생각할 수 있다. 내부 전반사는 광섬유의 벽이 빛

을 전혀 흡수하지 않기 때문에 빛에너지를 가장 효율적으로 전달할 수 있는 방법이다. 광섬유는 빛이 거의 흡수되지 않기 때문에 빛의 신호를 50km 이상 멀리 떨어진 거리에 전달하는 데 사용된다.

반짝이는 다이아몬드의 전반사

다이아몬드는 굴절률이 2.417로 대단히 크므로 전반사를 일으키는 임계각이 24.44°로 아주 작다. 그러므로 다이아몬드에 빛이 입사하면 내부에서 두 번의 전반사가 일어나서 다른 물질보다 더욱 반짝인다. 이에 반해 석영은 굴절률이 1.544로 작고 임계각이 40.366°로 아주 크므로 빛이 입사되면 한 번

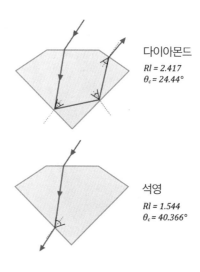

다이아몬드
RI = 2.417
θ_c = 24.44°

석영
RI = 1.544
θ_c = 40.366°

도 전반사가 일어나지 않고 바로 통과되어 나오므로 반짝임이 적다.

다이아몬드는 반짝인다

폴란코는 초상화를 전문으로 하는 스페인 바로크 화가이다. 그는 스페인의 필립 3세 왕과 필립 4세의 왕궁에서 일했다. 그의 작품에서 필립 3세 왕의 왕비인 오스트리아의 마거릿은 눈부시게 아름다운 옷을 입고 서 있으며 왕비는 사치스러운 의상뿐 아니라 초상화에 걸맞은 격식을 통하여 왕실의 권위를 한껏 드러내고 있다. 왕비는 보석으로 화려하게

Andres Lopez Polanco, Queen Margaret of Spain, about 1606

장식하고 있으며 스커트는 화려한 장식 버클로 조이고 목에는 긴 진주 목걸이를 걸고 허리와 손목에는 복잡 미묘한 체인으로 장식하고 있다. 가슴 중앙에는 수 세기 동안 스페인 왕관에 사용되던 보석으로 만든 커다란 브로치로 장식했는데 여기에는 수많은 왕실 초상화에 나타난 유명한 두 개의 보석이 박혀 있다. 그중 한 개는 '순례자'라는 닉네임으로 불리는 커다란 진주이며 다른 한 개는 '연못'이라고 불리는 블루 다이아몬드이다.

물리 | 제일 반짝이는 다이아몬드의 두께

굴절률이 커지면 임계각이 작아지며, 입사되는 빛은 물질 안에서 여러 번 반사하게 된다. 다이아몬드의 굴절률은 유리보다 훨씬 크므로 임계각은 유리보다 훨씬 작다. 그러므로 입사각이 동일하더라도 다이아몬드 안에서는 빛이 더 많이 반사된 후 표면으로 나오므로 다이아몬드는 유리보다 밝게 빛난다. 또한 다이아몬드 원석의 가공에 따라 이러한 효과는 달리 나타난다. 다이아몬드를 너무 얇게 가공하면 입사각이 커서 전반사가 잘 일어나지 않으므로 별로 반짝이지 않으며 너무 두꺼워도 빛이 옆으로 새어 나가므로 충분히 반짝이지 않는다. 빛이 작은 각도로 입사하도록 다이아몬드

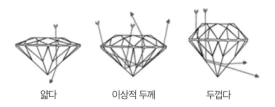

얇다   이상적 두께   두껍다

원석을 가공하면 전반사가 최대로 일어나서 다이아몬드는 보석 중에서 가장 반짝인다.

7. 무지개

무지개는 태양 광선이 빗방울에서 굴절과 내부 전반사를 일으킴으로써 나타난다. 이 과정에서 백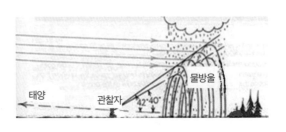색의 태양 광선이 빨강, 주황, 노랑, 초록 및 파란색 등으로 분산된다. 이 중에서 빨간색은 가장 적게, 파란색은 가장 많이 굴절한다.

쌍무지개

태양 광선이 물방울 안에서 한 번 내부 반사를 한 후 굴절되면서 공기로 나타나는 것이 1차 무지개이고 물방울 안에서 두 번 반사한 후 나타나는 것이 2차 무지개이다. 2차 무지개는 물방울 안에서 두 번 반사되므로 무지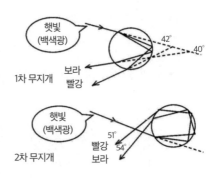

개 색깔은 1차와 반대 순서로 되어 있으며 소량의 빛이 반사되므로 더 희미하게 보인다.

소나기가 내린 후에 무지개가 뜬다

이네스의 〈여름 소나기가 내린 후〉는 여름철 굵은 빗방울의 소나기가 한바탕 내리고 지나간 후 햇빛이 밝게 비칠 때 무지개가 뜬 시골 풍경을 묘사하고 있다. 선명한 무지개의 바깥쪽으로 희미하게 또 하나의 무지개가 나타나 있다.

George Inness, After a Summer Shower, 1894

물리 소나기가 내린 후에 하늘이 맑아지면 관찰자의 뒤쪽에서 해가 밝게 빛나고 무지개가 떠

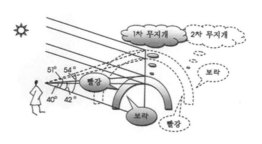

있다. 하늘에 있는 빗방울 중에서 빨간색은 42°의 각도에서 원추형을 통해 등장하고, 파란색은 40°, 다른 색깔들은 40°와 42° 사이의 원추형으로 나타난다. 빗방울이 굵을 때는 무지개의 바깥쪽에

2차 무지개가 희미하게 나타난다.

미술 | 이네스의 작품은 분위기 및 감정의 깊이를 강력하고 조화롭게 표현했다. 이네스는 풍경의 완전한 본질을 포착하기 위해 세속적인 것과 미묘한 것을 결합하는 작업을 했다. 빛, 색, 그림자를 이용하여 흐릿한 요소를 날카롭고 세련된 세부 사항과 함께 복잡한 장면으로 만들었다. 그의 말에 따르면 그는 자신의 예술을 통해 보이지

Early Moonrise, Florida, 1893

않는 것으로 현실을 보여주고, 보이는 것과 보이지 않는 것을 연결하려고 시도했다. 독창적이고 독특한 미국 스타일을 보여주는 성숙한 작품으로 그는 종종 미국 풍경의 아버지라고 불린다. 〈이른 월출. 플로리다〉는 저녁달이 떠오를 때의 빛에 관심을 가지고 그린 풍경화이다.

우리는 무지개를 잡을 수 없다

무지개는 비가 온 후, 빗방울이 햇빛을 받아 색깔이 분산되면서 나타난다. 이때 햇빛이 물방울에서 42°로 굴절되어 눈에 들어오면 무지개의 빨간색이 보이고 40°로 굴절된 빛은 보라색으로 보인다. 이와 같이 무지

개는 일정한 각도에서 무지개색을 나타내므로 무지개를 향해 앞으로 나아가면 동일한 각도를 유지하기 위하여 무지개도 같은 거리만큼 앞으로 나아간다. 즉 무지개는 해를 등

지고 있을 때 빗방울과 햇빛과 관찰자의 눈이 일정한 각도일 때만 보이므로 무지개를 잡으러 앞으로 나가면 무지개도 일정한 각도를 유지하며 같은 거리만큼 앞으로 나아간다. 우리는 결코 무지개를 잡을 수 없다.

❓ 무지개로 날씨를 예측

우리나라의 날씨는 편서풍이 불어 구름이 동쪽으로 이동하는 특성이 있어서 무지개로 날씨를 예측할 수 있는 속담들이 있다.

- **아침 무지개는 비가 올 징조이다**
  무지개는 빗방울이 햇빛에 굴절되어 태양의 반대편에 형성되므로 아침 무지개는 서쪽에 물방울이 많다는 것을 의미한다. 편서풍 지역은 공기가 서에서 동으로 이동하기 때문에 이는 수증기를 포함한 공기가 다가오고 있다는 것을 알 수 있다.

- **저녁 무지개가 서면 날이 갠다**
  저녁 무지개는 동쪽에 물방울이 많다는 의미이다. 서에서 동으로 부는 편서풍 지역에서는 비구름이 동쪽으로 이미 지나갔으므로 맑은 날씨가 계속된다는 것을 예측할 수 있다.

- **무지개가 서쪽에 뜨면 강 건너에 소를 매지 마라**
  서쪽에 무지개를 만든 비가 편서풍의 영향으로 이동해 와 비가 내리면 강물이 불어 강 건너에 있는 소를 찾으러 갈 수 없다.

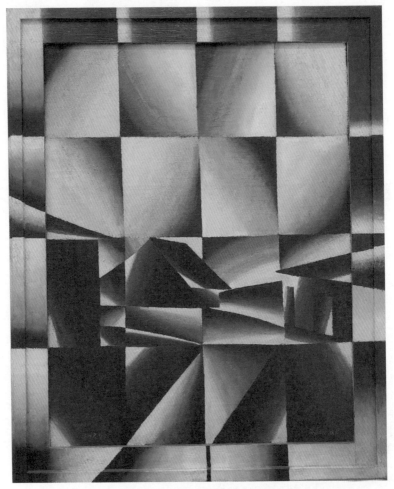

Arthur Segal, Rainbow(Prismatic), 1924

프리즘

아서 시걸은 〈무지개(프리즘)〉을 통하여 빛이 분산되는 모습을 채색된 나무 프레임과 올이 굵은 삼베로 된 캔버스에 유화로 표현했다.

미술 | 아서 시걸은 인상주의의 영향을 받아 표현주의와 다다이즘 양식의 작품을 시작했으며 나중에는 자신만의 현대적 양식에 따라 작품을 만들었다. 〈탄광〉은 다다이즘 양식의 풍경화이다.

Mining, 1919

물리 | 프리즘을 통과한 빛은 파장에 따라 분산되어 무지개와 같은 스펙트럼을 나타낸다.

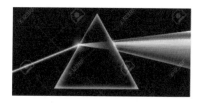

8. 산란

빛이 공기 중에 있는 작은 입자들과 만나면 사방으로 퍼진다. 이와 같이 입사 광선이 작은 입자들에 의해 모든 방향으로 퍼지는 과정을 산란이라고 하는데 입자의 크기에 따라 레일리 산란과 미 산란으로 구분한다. 레일리 산란은 입자의 크기가 빛의 파장보다 작을 때 일어나며 주로 대기 중의 기체에 의해서 발생한다. 또한 파장에 따라 산란되는 정도가 다르다. 이에 반해 미 산란은 입자의 크기가 비교적 클 때 일어나며 파장에 관계없이 일어나는 정도가 같다.

레일리 산란

작은 입자에 햇빛이 비치면 산란하는데 빛의 파장이 짧을수록 산란을 많이 한다. 햇빛 중에서는 빨간색이 가장 산란이 작게 일어나며, 이어서 초록색, 파란색, 자외선 등의 순서로 산란이 점차 커진다. 파란색은 빨간색보다 산란이 4배가량 많이 일어나고, 자외선은 빨간색보다 산란이 16배 더 많이 일어난다.

하늘은 파랗다

모네는 지베르니에 있는 자기 집 근처의 양귀비 밭에서 거의 동일한 네 개의 그림을 그렸다. 〈양귀비 밭〉은 그중의 하나이다. 이 그림은 자유롭게 붓질한 그의 초기 풍경화와는 달리 벽에 거는 테이프스트리의 표면 같은 딱딱한 느낌의 균일한 터치를 보이고 있다.

물리 | 하늘이 파란 까닭은 햇빛이 지구까지 전파되면서 파란색을 가장 많이 산란하는 레일리 산란 때문이다.

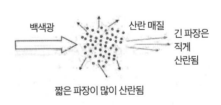

Claude Monet,
Poppy Field
(Giverny),
1890/1891

멀리 보이는 푸른 산

카임 수틴의 회화 스타일은
구체적인 표현보다는 색상 및
질감에 집중하는 추상 표현주의
와 전통적인 접근 방식을 연결
했다. 〈칸의 풍경〉에서 그는 단
순화된 형상과 거칠고 질감이
있는 붓질을 통하여 생동감 있

Chaim Soutine, Landscape at Cagnes, 1923

고 동화 같은 느낌이 드는 열광적인 풍경으로 도시를 표현했다.

물리 | 먼 산은 푸르게 보인다

먼 산이 파랗게 보이는 것은 먼 거리에서는 파란색을 제외하고 모
든 색깔이 사라지는 레일리 산란 때문이다. 햇빛은 일곱 가지 무지
개 색깔을 모두 포함하고 있으며 가을 산을 바라보면 모든 색깔을

403

볼 수 있다. 그러나 멀리 있는 산을 보면 파랗게 보인다. 그 이유는 반사되는 색깔은 주로 원자로 구성된 작은 입자들과 충돌하면서 산란되기 때문에 가장 파장이 짧은 파란색이 가장 많이 산란되기 때문이다. 호주에 있는 블루마운틴은 가까이서 봐도 파랗게 보이는데 이것은 산에 자라고 있는 유칼립투스라는 나무에서 증발된 물질이 햇빛에 의해서 산란되기 때문이다. 하늘이 파란 것은 햇빛이 지구에 비치면서 대부분의 빛이 산란되기 때문이다. 가을 하늘이 다른 계절보다 더 파란 것은 여름에 비가 많이 내려 공기가 씻겼기 때문이며 태풍이 지나간 뒤에 하늘이 맑은 것은 바람에 의해서 공중에 있는 큰 입자들이 제거되었기 때문이다.

미술 | 카임 수틴은 표현주의 운동에 공헌한 러시아 화가이다. 그는 풍경화, 초상화와 아울러 동물 사체 그림으로 유명하다. 1928년도에 그린 초상화 〈에바〉는 팔짱을 끼고 입술을 냉소적으로 비스듬히 다물고 있는 여성의 상반신인데 이 작품은 거의 1세기가 지난 2020년 벨라루스 민주화 시위의 상징으로 사용되고 있다.

Eva, 1928

- **아침노을은 비가 올 징조이다**
  노을은 먼지 입자에 햇빛이 산란되어 생기는데 아침노을은 동쪽 하늘에 먼지가 많음을 의미한다. 편서풍 지역에서는 공기가 서쪽에서 동쪽으로 이동하기 때문에 수증기가 없는 먼지는 많은 공기가 빠져나갔다는 것으로 수증기가 있는 공기가 다가오고 있다는 것을 알 수 있다.

일몰 시 하늘 색깔

모네는 시간과 계절에 따른 다양한 빛의 조건에서 밀 낟가리의 모습을 묘사하기 위하여 일련의 그림을 그렸다. 밀 낟가리는 5~6미터 높이로 농가 바로 밖에 쌓아 올려

Claude Monet, Stacks of Wheat (Sunset, Snow Effect), 1890/1891

져 있었으며 그는 1890년부터 1891년까지 현장에서 여러 이젤을 사용하여 25점의 그림을 시리즈로 그렸다. 〈밀 낟가리 (일몰, 눈 효과)〉는 모네가 그린 이러한 일련의 그림 중 하나로써 눈이 내린 날, 해가 질 때의 색상을 표현한 것이다.

물리 | 파장이 짧을수록 산란이 증가하므로 하늘에 저녁놀이 든다.

일몰 시 하늘은 붉다

〈왜가리의 보금자리〉는 이네스가 플로리다에서 생활하면서 끝이 보이지 않을 듯한 넓은 습지에서 한동안 계속되는 일몰의 풍경에 영감을 받아 그린 작품이다. 그림에서 흐릿한 윤곽, 넓은 습

George Inness, The Home of the Heron, 1893

지에 솟아 있는 나무들 사이의 넓은 간격, 섬세한 색조 등은 자연의 고요함과 웅장함, 신비로움 등의 미묘한 심리적인 감흥을 불러일으킨다.

물리 | 저녁놀

레일리 산란은 석양을 붉게 만든다. 태양이 수평선에 낮게 떠 있을 때 태양광선은 비스듬하게 비추어 대기층을 더 먼 거리 통과한다. 햇빛이 우리 눈에 도달할 때쯤 파란색은 산란에 의하여 많이 약해지고 빨간색이 가장 강하게 보인다. 마찬가지 이치로 일출도 붉다.

Jules-Adolphe Breton, The Song of the Lark, 1884

붉은 일몰

〈종달새의 노래〉에서 젊은 여자 농부가 브르통의 고향인 노르망디의 평활한 밭에서 지는 해를 배경으로 멀리서 들려오는 종달새의 지저귐을 들으며 조용히 서 있는 모습을 시적으로 표현하고 있다. 이 그림은 빛과 대기의 효과에 관심이 많은 브르통의 관심을 반영하고 있다.

물리 | 저녁에 붉은 해가 지는 것은 대기에 의하여 산란된 빛 중에서 파장이 긴 붉은 빛이 멀리까지 전달되는 레일리 산란 때문이다.

미술 | 쥘 브르통은 19세기 프랑스 자연주의 화가로서 프랑스 시골을 주제로 전통적인 방법으로 그림을 그렸다. 고향 지역에 대한 사랑은 평생 동안 그의 예

The Last Gleaning, 1895

술의 중심으로 남아 있었고 이를 바탕으로 하여 그는 시골의 아름다움과 목가적인 비전의 작품을 만들었다. 〈종달새의 노래〉는 1934년 시카고 세계박람회에서 가장 사랑받는 예술 작품을 찾기 위한 콘테스트에서 우승하여 당시 미국인들의 예술적 취향을 대표하게 되었다. 〈마지막 이삭줍기〉는 해 질 녘의 목가적인 시골 풍경을 묘사하고 있다.

미술 | 자연주의는 르네상스 초기에 발생하여 르네상스를 거치면서 발전한 미술사조로서 세밀한 부분까지 매우 정확하게 그리려고 관심을 기울이고 대상을 있는 그대로 묘사한다. 19세기 이후에는 사진이 등장하면서 미술가가 자연을 사실적으로 묘사할 필요성이 줄어들게 되어 점차 관심이 적어졌다. 대표적인 화가로는 보티첼리, 미켈란젤로, 조토 등이 있다.

미 산란

반사되는 입자의 크기가 빛의 파장과 비슷하거나 더 큰 경우에는 미Mie 산란이 일어난다. 미 산란은 대기 중의 먼지, 연기, 물방울 등 빛의 파장보다 약간 더 큰 입자들에 의해서 산란될 때 발생된다. 햇빛이 공기 중에서 물방울이나 먼지 등과 같이 햇빛의 파장보다 더 큰 입자들을 만나면 모든 파장이 동일하게 산란된다. 이와 같이 미 산란은 파장 의존도가 낮아 모든 파장의 빛을 산란시키기 때문에 흰색으로 보인다. 수증기나 매연, 구름 등이 흰색으로 보이는 것은 미 산란 때문이다.

연기를 내뿜는 풍경

〈연기 내뿜기〉에서 기포드 빌은 장면의 도시적인 요소를 강조하기 위하여 뉴욕 허드슨강의 풍경을 묘사했다. 여러 개의 유틸리티 기둥은 파노라마의 프레임이 되고 이름뿐인 연기는 시선보다 아래에서 크게 굽이친다. 화가는 수증기의 근원을 묘사하지는 않았으나 그것은 아마도 뉴욕, 뉴저지, 코네티컷의 주요 대도시를 연결하는 기차가 통과하면서 발생되었을 것이다. 화가는 이날의 상쾌하게 추운 날씨를 표현하기 위하여 차가운 느낌의 은빛 팔레트를 사용했다. 그는 물결 모양으로 굽이치는 구름을 활기찬 붓질과 촉각으로 알 수 있는 흰 임파스토로 표현했다.

Gifford Beal, The Puff of Smoke, 1912

물리 | 미 산란

미 산란Mie scattering은 대기 중의 먼지, 연기, 물방울 등 빛의 파장보다 약간 더 큰 입자들에 의해서 산란될 때 발생된다. 햇빛이 공기 중에서 물방울이나 먼지 등과 같이 햇빛의 파장보다 더 큰 입자들을 만나면 모든 파장이 동일하게 산란된다. 이와 같이 미 산란은 모든 파장에 대하여 동일하게 일어나므로 백색광을 만든다. 구름이 하얗게 보이고 설탕이나 소금이 흰 것은 햇빛이 이들 입자들에 의하여 미 산란이 일어나기 때문이다.

소금은 왜 하얗게 보일까

빗빙울은 투명하지만 눈송이는 하얗고, 얼음은 투명하지만 빙수는 하얗다. 또한 투명한 유리를 잘게 깨면 흰색의 가루가 된다. 빗방울, 얼음, 유리 등이 투명하게 보이는 것은 빛이 덩어리 물질을 통과하기 때문인

데 이런 물질들이 가
루로 되면 빛은 물체
를 통과하는 대신에
가루의 표면으로부터
반사된다. 덩어리에
비하여 가루는 표면적
이 크며 햇빛의 모든

색깔이 가루로부터 반사되므로 밝은 흰색이 된다. 이것이 설탕이나 소
금이 하얀 이유다. 심지어 검은색의 흑염 덩어리도 가루로 만들면 흰색
이 된다. 또한 연고나 크림 형태의 화장품이 흰색인 이유도 용매에 녹아
있는 작은 알맹이들에서 빛이 산란되기 때문이다.

기차가 내뿜는 하얀 스팀

모네는 1877년 초에 현
대를 상징하는 아이콘이
라고 할 수 있는 12개의 그
림을 그리기 시작했다. 그
는 이 중에서 〈노르망디
기차의 도착, 게어 생라자
르〉를 포함하여 일곱 개의
작품을 제3회 인상파 전시

Claude Monet, Arrival of the Normandy Train, Gare Saint-
Lazare, 1877

회에 출품했다. 게어 생라자르는 파리에서 가장 크고 제일 붐비는 기차

411

역인데, 전해지는 바에 의하면 모네는 증기를 뿜어내는 효과를 관찰하고 그리기 위하여 정지해 있는 기관차에 필요 이상의 석탄을 때게 했다고 한다. 그 결과 증기가 정거장 안에 갇혀 있을 때는 흐린 회색이고 하늘을 배경으로 했을 때는 구름처럼 흰색인 것이 그림에 나타나 있다.

물리 | 수증기가 하얗게 보이는 것은 작은 수증기 입자의 미 산란 때문이다.

안개 낀 뿌연 하늘

1899년 9월부터 모네는 런던의 템스강을 주제로 100여 점의 그림을 그렸다. 이 작품들은 모두 채링크로스 브리지, 워털루 브리지, 국회의사당 등 세 군데 장면뿐이다. 〈런던 채링크로스 브리지〉에서 전면을

Claude Monet, Charing Cross Bridge, London, 1901

가로지르는 다리는 채링크로스 브리지이고 뒤쪽에 유령처럼 높이 솟아 있는 실루엣은 국회의사당이다. 이 모든 것은 스모그가 많은 산업 도시에서 두꺼운 공기층을 통과하여 보이는 빛의 효과를 찾기 위한 모네의 도전이었다.

물리 | 안개나 스모그처럼 공기보다 알갱이가 큰 물질에 의해 빛이 산란

되면 모든 색이 다 산란되는 미 산란이 되므로 경치는 뿌옇게 보인다.

도시의 뿌연 하늘

클락은 미국의 인상파 화가로 풍경화를 주로 그렸다. 그는 〈커피 하우스〉에서 얼음이 강물에 떠서 흘러내리고 도시의 고층 건물들은 연기와 안개를 통하여 어렴풋이 모습을 드러내는 시카고의 겨울 풍경을 그렸다. 남쪽을 바라보는 시카고의 스테이트 스트리트 브릿지의 겨울 그림인 이 그림의 제목은 맨 오른쪽에 있는 건물의 커피 가게 이름을 따서 지은 것으로 알려져 있다. 이 그림은 수직 형식을 설정하고 흐릿한 분위기와 치솟는 연기, 확산된 빛에 중점을 두었으며 다리의 보행자 경로는 눈으로 덮여 있고 하늘은 짙은 구름으로 덮여 있어 아주 추운 겨울 모습을 보여준다. 그림에서 맵시 있게 휘어진 철공 제품을 사용하여 만들어진 철교는 관객의 시선을 그림 속으로 끌어들인다. 이 작품은 프랑스 인상파에 나타난 도시의 사실주의를 연상시킨다. 클락은 모네처럼 안개와 연기의 일시적인 현상과 도시에 미치는 대기의 효과를 이 그림에서 모두 나타내고 있다. 그는 뿌연 도시의 모습에서 찻집의 커피잔에서 피어오르는 수증기를 연상한 듯하다.

미술 | 클락은 미국의 인상주의 화가로서 풍경화를 자유롭고 밝은 모드로 그렸다. 그는 주로 철도, 다리, 공장 등의 도시 풍경을 주요 소재로 정했다. 〈Passing of the Pony〉는 손님을 수송한 여객열차가

Alson Skinner Clark, The Coffee House, Winter 1905/1906

처음으로 역에 도착하는
것을 기념하는 장면을
묘사한 것이다.

물리 | 안개와 스모그가 하얗게
보이는 것은 미 산란 때
문이다.

Passing of the Pony, 1926

공중의 흰 먼지도 걸레로 닦아내면 시커멓다

공중에 떠다니는 먼지는 햇빛이나 백열등 빛을 산란시켜 밝게 빛나
며 이 먼지들은 모두 흰색처럼 보인다. 그러나 이 먼지들이 쌓인 곳을
걸레로 닦아 보면 시커멓게 묻어난다. 원래 먼지는 시커먼 색이었는데
햇빛을 산란시켜 희게 보였던 것이다.

9. 간섭

파동이 중첩하기 때문에 일어나는 현상을 간섭이라고 한다. 빛은 두
개의 파동이 중첩될 때
원래 파동보다 진폭이
커지면 건설적인 간섭
이라고 하며 작아지면

건설적 간섭   파괴적 간섭

파괴적인 간섭이라고 한다. 건설적인 간섭은 두 파동의 위상이 정확하게 중첩될 때, 즉 파동의 경로 길이가 파장의 정수배일 때 발생하고, 파괴적인 간섭은 경로 길이가 절반 파장의 홀수배만큼 다를 때 발생한다.

여러 빛깔이 나타나는 비눗방울

비눗방울에 햇빛이 비치면 여러 가지 색깔이 나타난다. 이는 얇은 비누막의 바깥 면에서 반사한 빛과 안쪽면에서 반사된 두 개의 빛이 합쳐질 때, 바깥에 있는 빛

보다 안쪽에 있는 빛이 비누막 두께의 두 배만큼 이동 길이가 더 길기 때문에 이러한 두 개의 빛이 합쳐지면서 건설적으로 간섭하는 파장을 가진 색은 더 밝은색이 되고 파괴적으로 간섭하는 파장의 빛은 어두워진다. 그 결과 원래의 백색 광선으로부터 다양한 색상의 비눗방울이 나타난다.

화려한 꼬리를 가진 공작새

보닝턴의 〈피렌체 교외 주택의 넓은 마당 풍경〉은 파노라마처럼 펼쳐진 폐허에서 긴 꼬리를 땅에 드리운 공작새가 마당에서 여유롭게 거니는 모습과 이것을 멀리서 바라보는 소녀를 묘사한 아름답지만 미완성된 풍경화이다.

물리 | 공작새의 화사한 날개

햇빛이 날개에 입사한 후
반사된 빛은 층의 두께에
따라서 간섭을 일으킨다.
날개를 펄럭이면 빛의 광

공작새 깃털   굴 껍질   오팔

로는 날개의 기울기에 따라서 변화되며 건설적 간섭을 일으키는
색깔은 강하게 나타나 공작새의 깃털은 박막 간섭과 유사한 표면
효과를 통해 보는 각도에 따라 다른 영롱한 색깔로 보인다. 또 다
른 예로 모르포나비는 날개에 색소가 없는데도 불구하고 반짝거
리는 파란색 날개를 가지고 있는데 이것은 날개를 이루고 있는 층
과 층이 서로 달라붙은 형태의 마이크로 단위의 얇은 단백질 구조
를 이루고 있어 박막 간섭을 하기 때문이다. 이 외에도 굴 껍데기
와 무지갯빛 오팔이 영롱한 색채를 띠는 것도 박막 간섭 때문에
생기는 현상이다.

미술 | 보닝턴은 영국의 낭만 주의 풍경화가로서 주로 해안 풍경을 그렸다. 그의 풍경화는 낮은 수평선과 넓은 하늘이 있는 해안 장면이 특징적이며 빛과 분위기의 훌

On the Coast of Picardy, 1826

룡한 처리를 보여준다. 그는 또한 흑연 연필로 정교한 도시경관을 그린 것으로도 유명하다. 그는 25세의 젊은 나이로 요절했으나 가장 영향력 있는 영국 예술가 중의 한 명이다. 〈피카르디 해안〉은 해변의 풍경을 낭만주의적으로 묘사한 작품이다.

영롱한 빛을 내는 투구풍뎅이

풍뎅이는 색소가 없지만 보는 각도에 따라 녹색, 파란색, 빨간색, 금색 등 여러 가지 색깔의 화려한 껍데기로 둘러싸여 있다. 풍뎅이의 표면은 격판 덮개같이 기울어진 아주 얇은 층상 구조를 가지고 있으며 이러한 층에 들어온 빛이 반사하여 간섭을 일으키면 다양한 색깔이 나타난다. 풍뎅이의 색깔이 각도에 따라 다르게 보이는 것은 투명한 얇은 껍질에서 백색 광선이 반사하여 어떤 파장은 밝아지고 어떤 파장은 어두워지는 박막 간섭을 일으키기 때문이나. 이러한 박막 간섭은 이성을 유혹하거나 적을 경고하는 데 대단히 유용하게 쓰인다. 나비, 진주, 공작새의 깃털 등도 박막 간섭을 통해 무지갯빛의 색상을 나타낸다.

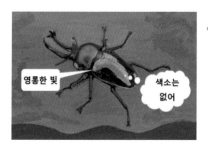

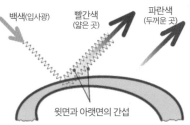

백색(입사광)　빨간색(얇은 곳)　파란색(두꺼운 곳)

윗면과 아랫면의 간섭

보는 각도에 따라 다른 색으로 보이는 기름막

길이나 물웅덩이에 흘러 있
는 기름막은 다양한 색깔을 나
타낸다. 이것은 기름막에서 입
사광선이 박막의 서로 다른 층
에서 반사되어 박막 간섭이 일

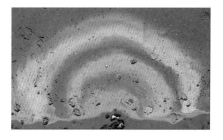

어나기 때문이다. 빛이 박막에 도달하면 일부는 반사되고 일부는 박막
의 아래층으로 전달되어 반사된 후 서로 중첩되어 간섭을 일으킨다. 이
때 두 광선의 광로차가 파장의 정수배이면 건설적 간섭이 일어나서 밝
은 빛이 되고 파괴적 간섭에서는 어두워진다. CD나 DVD에서도 마찬
가지 색깔을 볼 수 있는데 락커 코팅이 박막으로 작용하기 때문이다.

박막 간섭을 이용한 무반사 코팅

박막 간섭은 표면에서 빛이 반사를 하지 않는 무반사 코팅에 이용된
다. 이를 위하여 유리의 표면은 얇은 플라스틱 박막으로 코팅을 한다.
코팅된 유리에 빛이 입사하면 일부는 유리의 앞면에서 반사하고 일부

는 박막과 유리의 접촉면에서 반사를 하며 나머지 빛은 유리를 통과한다. 그리하여 박막의 두께를 적합하게 만들면 원하지 않는 빛은 박막에서 반사하여 파괴적 간섭을 일으켜서 없어지고 원하는 빛만 통과하도록 설계할 수 있다. 이러한 무반사 코팅을 사용하면 빛이 번쩍이는 것은 훨씬 줄어들고 영상은 더 밝게 나타나서 고스트 이미지를 없앤다. 무반사 코팅은 안경, 쌍안경, 기타 광학 제품에서 빛이 반사되지 않게 하는데 사용된다.

10. 회절

빛은 직선으로 전파되지만 물체에 가로막히거나 구멍을 통과할 때는 가장자리에서 방향이 변한다. 이러한

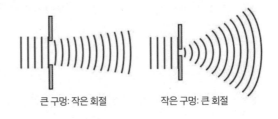

큰 구멍: 작은 회절   작은 구멍: 큰 회절

현상을 회절이라고 한다. 회절 현상은 물체나 구멍의 크기가 파동의 파장과 유사할 때 가장 뚜렷하게 나타나며 구멍의 크기가 작을수록 많이 회절된다. 우리의 눈은 빛을 받아들이는 일종의 렌즈이므로 빛이 눈을 통과할 때도 회절이 일어난다.

분해능

작은 구멍aperture을 통과한 빛은
회절되면서 구멍의 직경에 반비례
하고 빛의 파장에 비례하는 밝은
원이 생긴다. 이를 Airy Disc라고
하는데 Airy Disc가 클수록 두 물
체의 영상이 겹쳐 보이므로 물체를

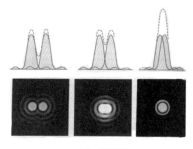

Airy Disc와 분해능

두 개로 판별할 수 있는 분해능이 악화된다. 따라서 렌즈의 직경이 클수
록 분해능이 좋아진다.

먼 곳을 보려면 직경이 큰 망원경이 필요하다

모네는 빛이 변경되는 효과를
포착하기 위하여 흐린 날을 택
하여 〈생타드레스 해변〉을 그
렸다. 그는 구성의 대부분을 바
다, 하늘, 해수욕장에 할애하여
색깔을 넓게 칠했다. 조용한 푸
른색 파도, 부드러운 느낌의 흰

Claude Monet, The Beach at Sainte-Adresse, 1867

구름, 아이보리 색깔의 조약돌, 그리고 모래가 펼쳐진 풍경 속에서 어부
들은 허드렛일을 하고 있고 작은 애들은 물가에서 편히 놀고 있는 모습
을 묘사했다.

그림에는 모래사장에 앉아 망원경으로 먼 곳을 바라보는 사람이 있다. 빛이 망원경을 통과할 때 일어나는 회절 현상을 줄여 멀리 있는 물체를 선명하게 보기 위해서는 직경이 큰 렌즈를 사용하는 것이 좋다.

망원경의 분해능은 구경이 클수록 좋다

회절 무늬는 중앙이 가장 밝으며 주위로 갈수록 더 어두워진다. 이 중에서 가운데에 있는 가장 밝은 상을 에어리 원반Airy disc이라고 하며 상의 폭은 광학 장비의 구경이 클수록 작아진다. 구경이 큰 망원경을 사용하면 에어리 원반을 작게 할 수 있으므로 가까이 놓인 두 개의 점이 분리된다. 따라서 렌즈의 직경이 클수록 분해능이 더 우수하다.

프라운호퍼 회절Fraunhofer Diffraction

광원, aperture, 스크린이 모두 멀리 있을 때 일어나는 회절을 일컬으며 회절 무늬에 원래의 형체가 전혀 나타나지 않는다.

프레넬 회절Fresnel Diffraction

광원, aperture, 스크린이 가까이 놓여 있을 때 일어나는 회절을 일컬으며 회절 무늬가 원래의 형체를 나타낸다.

11. 편광

전자기파를 구성하는 전기장과 자기장은 파의 진동 방향과 진행 방향이 서로 수직으로 놓여 있는 횡파이며 햇빛에는 수없이 많은 전자기파들이 무질서하게 섞여 있다. 그래서 햇빛은 방향성을 띠지 않는 것처럼 보이는데 이런 빛을 자연광이라 하며 특정한 방향으로만 진동하는 빛은 편광이라고 한다. 자연광과 편광은 맨눈으로는 구별되지 않는다.

햇빛에 눈부신 바다

브리타니의 남쪽 해안에서 조금 떨어진 곳에 있는 벨-일섬은 깎아지른 절묘한 절벽, 기묘한 형상의 바위, 반원형으로 움푹 파인 동굴 등으로 절경을 이루고 있다. 모네는 〈벨-일, 포트 굴파의 바

Claude Monet, Rocks at Port-Goulphar, Belle-Ile, 1886

위〉에서 이곳의 아름다움을 볼 수 있는 최적의 시간을 잡기 위하여 두 달 이상을 이 지역에서 머물며 두 주 동안 이곳을 방문했다고 한다. 이 작품은 포트 굴파Port-Goulphar라고 알려진 바위의 절경을 그린 것이다.

프랑스의 물리학자 말뤼스는 석양에 빛나는 룩셈부르크 궁전의 창유리에서 반사되는 햇빛을 방해석의 결정을 통해 관찰한 결과 복굴절에 의해 이중으로 보여야 할 창문이 한 겹으로만 보이는 것을 발견하고 '햇빛이 유리에 반사되거나 방해석을 지나면 특정한 진동면만 가지는 빛으로 된다'고 생각했으며, 이런 빛을 편광이라 불렀다. 말뤼스가 편광을 발견한 것은 마침 반사된 빛이 편광이 되는 특정의 입사각이었기 때문이다. 이러한 경우 굴절광은 반사면에 수직한 성분과 나란한 성분의 빛이 혼합되어 있지만 반사광은 모두 반사면에 나란한 방향의 빛으로 편광이 된다.

반사광은 편광이다

햇빛이 호수에 비쳐 반사할 때는 수면과 평행한 방향으로 진동하는 빛만 반사되고 나머지 빛은 굴절되어 물 속으로 입사된다. 따라서 반사광은 진동면이 수면과 평

행한 편광이 된다. 햇빛이 비칠 때 호수가 반짝이는 것은 이러한 편광 때문이다. 빛이 반사하여 편광되는 것은 수면뿐 아니라 아스팔트 도로나 설원 등의 비금속 표면도 마찬가지이다.

햇빛에 반짝이는 호수

나이아가라 폭포의 장
엄한 풍경은 19세기 화가
들에게 미국 풍경화를 고
귀하게 승화시킬 수 있는
영감을 주었다. 토머스 콜
은 길들여지지 않은 야생
의 장면을 그리는 데 능한
화가로서 더럽혀지지 않

Thomas Cole, Distant View of Niagara Falls, 1830

은 자연을 묘사했다. 그래서 〈나이아가라 폭포의 원경〉은 폭포를 둘러
싼 실제의 지형과는 다르게 전망대나 공장, 호텔 등은 그림에 나타내지
않았다. 또한 토머스 콜은 영상 속 풍경이 북아메리카라는 점을 강조하
기 위하여 그림의 중앙에 두 명의 아메리카 원주민을 배치했으며 미국
의 황야를 낭만적으로 묘사했다.

미술 ┃ 토머스 콜은 풍경화와 역사화로 유명한 미국 화가이다. 그는 자연
의 사실적이고 상세한 묘사에 관심을 두었으며 낭만주의의 영향
을 강하게 받았다. 특히 길들여지지 않은 야생의 자연에서 아름다
움을 찾아 표현하는 데 관심을 두었으며 그 결과 미국의 황야를
낭만적으로 묘사했다. 또한 풍경화 외에 4부작 및 5부작으로 된
우화적인 작품을 시리즈로 그렸다. 그는 미국 최초의 예술운동인
'Hudson River School of Painting'의 창시자이며 그의 집과 스튜

디오는 미국의 국립 사
적지로 보존되고 있다.
〈Lake with Dead Trees〉
는 낭만주의 풍경화이
다.

Lake with Dead Trees (Catskill), 1825

물리 | 편광 안경

바닷가나 스키장에서 눈이 부신 이유는 반사한 빛이 눈에 들어오기 때문이다. 이때 특정한 입사각에서 반사한 빛은 지면과 평행인 방향으로 진동하는 빛만 반사된다. 이 입사각을 편광각이라고 하며 햇빛이 편광각으로 입사하면 수면과 평행인 방향으로 반사하는 빛은 편광이 된다. 이러한 편광은 수면을 번쩍이게 하므로 물 속을 보는 것을 어렵게 한다. 이러한 눈부심을 방지하기 위하여 쓰는 편광안경은 편광축이 지면과 수직방향으로 설정되어 있어 반사면과 수직으로 편광된 빛만을 통과시키고 평행한 방향으로 진동하는 편광을 차단함으로써 번쩍임이 줄어든다.

편광을 만드는 방법

한쪽 방향의 빛은 흡수하고 다른 방향의 빛은 투과시키면 편광이 된다. 자연광을 편광으로 만드는 방법 중 하나는 굴절이다. 방향에 따라 굴절률이 다른 복굴절 물질에 자연광을 입사시키면 편광판의 투과축과 평행한 방향으로 진동하는 빛만 투과시키므로 편광이 된다.

폴라로이드라고 하는 인공적인 물질을 사용하여 편광된 빛만을 통과시키는 방법도 많이 사용된다. 폴라로이드는 색안경에 주로 사용되고 있으며, 수직으로 편광된 빛만을 통과시키도록 되어 있다. 왜냐하면 길이나 호수의 표면과 같은 평면에서 반사된 빛은

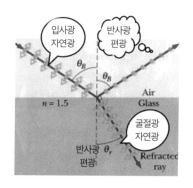

주로 표면에 평행한 수평 방향으로 편광된 빛을 포함하고 있어서 반사된 빛의 대부분을 막아주기 때문이다.

편광 필터

호수에 햇빛이 비스듬하게 비치면 표면이 반짝이고 눈이 부셔서 호수를 제대로 볼 수 없다. 이렇게 눈부신 호수를 카메라로 찍을 때 편광필터를 사용하면 수면으로부터 직접 반사되는 빛을 제거하여 깨끗하고 진한 화상을 얻을 수 있을 뿐 아니라 수면 내부까지 잘 볼 수 있다. 편광필터는 전자기파의 진동면 중 하나를 차단시킬 수 있는 폴라로이드 필터를 많이 사용한다. 폴라로이드 필터는 편광되지 않은 빛의 진동 중 반을 걸러내므로 필터를 통과하면 빛의 세기는 절반으로 줄어든다.

편광이 있는 경우는 물속이 보이지 않으나 편광을 제거하면 물속이 투명하게 보인다.

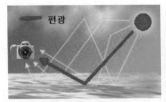

Without a Polarizing Filter   With a Polarizing Filter

편광   편광 제거

12. 카메라

카메라는 순간적으로 영상을 기록하는 장치로써 초창기에는 렌즈 대신에 바늘구멍을 통하여 영상을 맺었다.

바늘구멍 사진기

초창기의 바늘구멍 사진기는 사진을 찍는 것이 아니라 그림을 그리는 보조 기구로 사용되었다. 바늘구멍 사진기의 앞쪽에는 작은 구멍이 있으며 암실 내부에는 캔버스를 장착했다. 바늘구멍을 통해 비친 실물의 영상이 캔버스에 맺히면 화가는 바늘구멍 사진기 안으로 들어가서

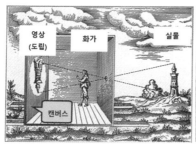 

Johanness Vermeer, The Astronomer, 1668

캔버스에 나타난 영상을 트레이싱하며 실물과 똑같은 그림을 그렸다.

카메라 옵스큐라

카메라 옵스큐라는 카메라의 전신이며 어두운 방이라는 뜻의 라틴어에 어원을 두고 있다. 핀홀 이미지라고도 하며 작은 구멍을 통해서 스크린에 뒤집힌 영상이 나타난다. 카메라 옵스큐라는 16세기부터 그림을 그리기 위한 보조 도구로 사용된 광학장치로써 사진술의 전신이며 19세기에 사진 카메라로 발달되었다.

미술 | 카메라 옵스큐라는 더 빨리 그리고 더 정확하게 그림을 그리기 위해서 17~19세기에 화가들이 애용하던 그림 도구였다.

Johanness Vermeer, The Astronomer, 1668

제5장 | 빛

카메라 옵스큐라를 사용하여 그린 작품 중 페르메이르의 장르화 〈천문학자〉는 사진과 흡사하게 모든 디테일이 정확히 묘사되어 있다. 이 그림은 따스하고 섬세한 빛 처리와 인물에 대한 독특한 표현이 인상적이다.

휴대용 카메라 옵스큐라

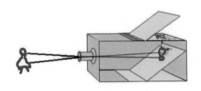

바늘구멍을 통하여 스크린에 맺힌 상을 옵스큐라 외부에서 트레이싱할 수 있는 휴대용 광학기구는 눈에 보이는 대상을 간편하게 그릴 수 있는 도구로 발전되었다. 이러한 휴대용 카메라 옵스큐라는 현재 사용하는 카메라의 전신이다.

카메라

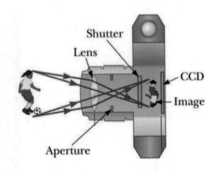

카메라 옵스큐라는 바늘구멍을 통하여 상을 맺고 화가가 영상을 트레이싱하므로 시간이 오래 걸린다. 이에 반해 카메라는 사진을 찍을 대상을 렌즈로 스크린에 상을 맺은 후 아주 짧은 시간에 영상을 정확히 기록한다. 영상을 기록하는 방법은 스크린 위치에 사진 건판을 놓고 영상이 찍힌 사진 건판을 현상, 인화작업을 통하여 사진을 만든다. 요즘에 사용하는 디지털카메라는 스크린에 놓

인 전자칩에 디지털로 영상을 기록하고 재생하므로 순간적으로 영상을 기록, 재생할 수 있다.

제 6 장

전기와 자기

Nicolas Toussaint Charlet, The Diligence, 1820/1823

샤를레의 〈근면〉은 19세기 프랑스의 낭만주의 작품이다. 말이 끌고 있는 마차 위에 온 가족과 함께 잡다한 살림살이를 모두 싣고 냇물을 가로지르는 모습을 통해 가난한 가족의 진실하고 부지런한 삶을 표현하고 있다. 마침 하늘에는 먹구름이 떠 있고 구름에서 번개가 내리치고 있다.

번개는 구름 속에 있는 전하의 움직임에 의해 눈으로 볼 수 있다. 번개는 구름으로부터 나오는 대기 중의 방전현상인데 공기는 절연체이므로 기본적으로 전기가 통하지 않는다. 그러나 양전하와 음전하를 띤 구름과 구름, 구름과 지면 사이에 전압이 높아지면 극히 짧은 시간 동안에 전류가 흘러 번개가 치게 된다. 번개가 한 번 칠 때의 전기량은 전압 10억 V, 전류 수만 A에 달하기도 한다. 예를 들어 5,000A의 비교적 작은 벼락도 100W의 전구 7,000개를 8시간 동안 켤 수 있는 에너지를 가지고 있는 셈이다. 특히 구름이 담고 있는 전하량의 한도를 넘게 되면 하늘에서 전하 덩어리가 떨어지며 구름과 땅 사이의 방전이 일어나는데 이것을 벼락이라고 한다.

미술 | 샤를레는 프랑스 화가로서 군대를 주제로 하는 작품을 주로 만들었다. 〈워털루 척탄병〉은 '경비병은 다만 죽을 뿐 항복하지 않는다'는 모토를 남기게 하여 유명해진 작품이다.

Grenadier de Waterloo, 1818

1. 정전기

마찰로 인해 발생하는 전기는 전하가 흐르지 않고 정지해 있으므로 정전기라고 한다. 번개가 친다든지 겨울철에 머리카락이 쭈뼛 일어서고 문고리를 잡을 때 찌릿한 느낌이 드는 것은 모두 정전기 때문에 일어나는 현상들이다.

마찰에 의한 정전기 발생

모든 물질은 원자로 구성되어 있는데 원자는 음전하(-)를 띤 전자와 양전하(+)를 띤 양성자의 수가 같게 구성되어 있기 때문에 전기적으로 중성이다. 그런데 마찰을 시키면 정전기가 발생하는 것은 원자 구조에 기인한다. 원자는 전자보다 1,860배 무거운 원자핵과 그 주위를 감싸고 있는 가벼운 전자들로 구성되어 있다. 물질을 마찰시키면 질량이 큰 원자핵은 거의 영향을 받지 않는 반면에 질량이 가벼운 전자는 마찰시킨 다른 물체로 이동한다. 그리하여 전자가 나온 물질은 (+)전하를 띠고, 전자가 이동해 들어간 물질은 (-)전하를 띤다. 예를 들어 머리카락과 빗이 마찰하면 전자가 들어간 빗은 음이 되고, 전자가 튀어 나간 머리카락은 양이 된다. 이와 같이 마찰로 인해 물체들이 만들어 내는 전하의 종류는 마찰하는 상대 물체에 따라 다르다. 즉 마찰하는 물체에 따라 전자를 쉽게 내놓는 정도가 결정된다.

정전기의 특성

정전기는 작은 물체들이 달라붙게 한다. 플라스틱을 문질러서 작은 종잇조각에 가까이 대면 종잇조각들이 달라붙는다. 보석의 일종인 호박을 모피에 문지르면 머리카락이나 가벼운 물건들이 달라붙는 것도 정전기 때문에 일어나는 현상이다. 꿀벌의 털에도 정전기가 있어 꽃가루를 쉽게 붙일 수 있다. 정전기는 날씨가 건조한 겨울철에 특히 많이 경험하게 된다. 문고리를 잡을 때 손가락이 따끔거린다든지 빗질을 할 때 머리카락이 위로 솟구친다든지 스커트가 다리에 달라붙는 것은 모두 정전기 때문에 일어나는 현상이다.

건조한 날씨에는 머리가 일어선다

건조한 겨울철에 머리를 빗으면 머리카락이 빗에 달라붙고 머리가 곤두서는 경우가 있다. 때로는 강아지를 쓰다듬거나 털을 빗겨줄 때 털이 곤두서기도 한다. 이것은 마찰로 인해 발생한 정전기 때문인데 머리카락과 플라스틱 빗을 마찰하면 전자가 튀어나간 머리카락은 (+)가 되고, 전자가 이동해 들어간 플라스틱 빗은 (−)가 된다. 정전기의 발생은 습도와 밀접한 관계가 있다. 물은 전하를 띠는 입자들을 빠르게 전기적 중성 상태로 만들기 때문에 습도가 높으면 정전기 발생이 감소되고 습도가 낮을수록 정전기가 잘 발생한다. 따라서 습도가 높은 여름보다 습도가 낮은 겨울철에 정전기가 자주 발생한다.

손에서 일어나는 번개

번개는 구름에서뿐만 아니라 손끝에서도 일어난다. 대기가 건조한 겨울에는 악수를 할 때 따끔한 통증이 손가락 끝에 전해질 때가

있는데 이것은 신발과 마루 사이의 마찰에 의해서 발생된 정전기가 몸에 축적되었다가 손가락을 통하여 방전되기 때문이다. 자동차 열쇠를 꽂으면서 느끼는 전기 충격도 정전기 때문에 일어나는 현상이다.

피뢰침에 얽힌 일화

1753년 이후 뾰족한 피뢰침이 미국과 영국에 수없이 많이 세워지게 되었으며 프랭클린은 영국의 주요 건물이나 화약고를 번개로부터 보호하는 자문위원회에서 활동했다. 그 후 1776년 아메리카인들은 영국으로부터 독립하기로 결의했는데 그들의 중심에 프랭클린이 있었다. 식민지인들의 배반에 격노한 영국인들은 피뢰침을 포함하여 반란자들에 관련된 모든 것을 혐오하기 시작했으며 아메리카의 반란에 격노한 국왕 조지 3세는 반역자의 수괴인 프랭클린이 제안한 뾰족한 피뢰침을 모조리 제거하고 자신의 궁전부터 모든 공공건물까지 뭉툭한 피뢰침으로 교체하도록 명령을 내렸다. 조지 3세는 피뢰침을 바꾼 것만으로는 성이 차지 않아 왕립학회에 뭉툭한 피뢰침이 뾰족한 것보다 더 효과적이라고 선언토록 압력을 행사했다. 그러나 당시 왕립학회 회장이던 존 프링

제6장 | 전기와 자기

글 경은 국왕의 요구에 다음과 같이 대답했다. "신으로서는 폐하의 소
망을 수행하고 싶은 생각이 간절하지만, 자연의 법칙에 반하는 것을 논
할 수는 없습니다."

굴뚝 연기 집진기

조르주 쇠라는 신
인상파 화가로서 현
대생활의 장면들을
작품 주제로 선호했
다. 〈아스니에르의
해수욕객들〉은 아
스니에르 지역 교외

Georges Seurat, Final Study for "Bathers at Asnieres", 1883

에 있는 센강변에서 노동자 계급 남자들과 소년들이 여가를 보내는 장
면이며 이 작품은 쇠라의 최종 준비작이다. 이 작품은 센강변에서 생기
있게 여유를 즐기는 일반적인 인상파 작품과는 대조되는 분위기를 나
타내고 있다. 연기를 내뿜는 공장을 비롯하여 현대화되는 도시에 초점
을 두고, 맑고 금빛 나는 밝은 색상과 가벼운 붓놀림을 통하여 고전인상
주의의 가장 진보적인 경향을 나타내고 있다.

미술 | 점묘법과 신인상주의

점묘법은 색깔이 있는 작은 점들로 이미지를 만드는 회화 기법으
로써 쇠라와 시냑이 1886년에 인상주의와 분기하여 개발한 기법

이다. 점묘법의 실행은 팔레트에서 안료를 혼합하는 일반적인 방법과는 달리 컬러프린터처럼 빨간색, 노란색, 파란색 색상의 점들을 사용하여 이미지 색상을 나타낸다. 점묘법을 사용하는 예술사조를 신인상주의라고 한다.

미술 | 조르주 쇠라는 점묘법을 고안했다. 그의 이론에 따르면 화려한 감정은 밝은 색조와 따뜻한 색의 지배를 받으며 위쪽을 향한 선의 사용으로 얻을 수 있다. 또한 고요함은 빛과 어둠의 균형, 따뜻한 색과 차가운 색의 균형에 의하여 얻을 수 있으며 수평의 선

Young Woman Powerdering Herself, 1889/1890

으로 이루어진다. 그리고 어둡고 차가운 색과 아래쪽을 가리키는 선으로 슬픔을 표현한다. 〈화장을 하는 젊은 여자〉는 점이 이루는 조화의 하모니를 보여주고 있다.

물리 | **정전기를 이용한 연기 제거기**

쇠라의 작품을 보면 강 건너 공장의 굴뚝에서는 연기가 올라오고 있다. 연기에 포함된 공해물질인 작은 입자들은 정전기를 이용하여 굴뚝에서 제거할 수 있다. 우선 배출되는 공기를 음으로 대전된

철사망을 통과시키면서 연기 입자들을 음으로 대전시킨다. 그리고 양으로 대전된 판이 설치된 굴뚝에 연기를 통과시키면 불완전 연소된 입자들은 양으로 대전된 판에 달라붙어 제거되고 깨끗한 공기가 굴뚝을 통해 나오게 된다.

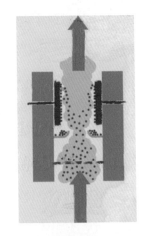

키친-랩의 접착성

음식물을 포장할 때 사용하는 키친-랩을 잡아당기면 마찰에 의해서 정전기가 발생되므로 키친-랩은 접착성이 좋다. 그러나 한번 사용한 키친-랩은 정전기가 소멸되었으므로 잘 붙지 않는다.

휘발유 급유

주유소에서 주유할 때는 손으로 둥그런 단추를 만지고 주유하면 손에 쌓인 정전기를 흘려보내 정전기에 의한 불꽃이 발생되지 않아 인화물질이 점화되는 것을 미연에 방지할 수 있다.

수만 V의 고전압에도 견딜 수 있다

카펫 위를 걸을 때 발생하는 정전기는 실내 습도가 낮을 경우

35,000V, 높을 경우 1,500V로 습도에 따라 차이가 크다. 평균 습도가 45% 이하로 낮아지면 인체나 물체에 생긴 정전기가 방출되지 못하고 머물고 있다가 일시에 방전되므로

큰 충격을 느낀다. 그러나 정전기는 전류가 아주 작기 때문에 수만 V의 높은 전압에도 불구하고 인체에 치명적인 해를 입히지 않는다. 이에 반해 번개에는 막대한 전하가 포함되어 있으므로 전류가 대단히 크며 치명적이다.

번개 칠 때 자동차 안에 있으면 안전하다

차체가 금속으로 되어 있는 자동차에 번개가 내려치면 전류는 차체 바깥면을 흘러 땅속으로 흘러가므로 번개 칠 때 자동차 안에 있으면 안전하다. 비행기 동체도 금속으로 둘러싸여 있어 비행기 안에 있는 승객들은 번개로부터 보호받을 수 있다.

금속 내부에는 전기장이 없다

금속이 음전하로 대전되어 있을 경우에는 전하끼리 서로 미는 쿨롱 반발력에 의해서 전하는 가능한 한 멀리 떨어지게 되어 금속의 내부가 아닌 표면에 균일하게 배열된다. 그러면 표면의 음전하에 의해 금속 공 내부에서의 전기장은 대

칭이 되어 어떤 전기력도 받지 않는 상태, 즉 전기장이 0이 된다. 이것은 공처럼 기하학적인 대칭 모양뿐 아니라 일반적인 형태에서도 적용되어 도체 내부의 전기장은 항상 0이 된다. 왜냐하면 만일 도체 표면의 전하에 의해 도체 내부에 어떤 전기장이 형성되었다고 가정하면 이 전기장에 의해 도체 표면의 전하들이 움직이게 되며, 이 움직임은 내부의 전기장이 사라질 때까지 계속될 것이기 때문이다. 따라서 금속 내부에서는 전자기가 차폐된다. 또한, 도체 안에 빈 구멍, 즉 캐비티가 있을 경우에도 캐비티에는 전기장이 없다. 따라서 캐비티가 도체에 의해서 완전히 둘러싸여 있으면 외부에 있는 전하 분포가 내부에 전기장을 만들 수 없다. 따라서 금속은 양도체이지만 금속 내부에는 전자가 없으며 전자기파가 차단된다. 이러한 이유로 전자기 잡음이 없는 정밀 실험을 할 때는 금속망 내부에서 실시한다.

패러데이 케이지

패러데이는 속이 빈 도체에서 전하는 표면에만 머물고 내부 공간에는 아무런 영향을 미치지 않는다는 것을 관찰하고 금속망으로 만든 방

을 패러데이 케이지라고 했다. 패러데이 케이지가 전기장 밖에 놓여 있으면 도체에 있는 전하들은 도체 내부의 장을 중성화시키는 방향으로 재분배된 결과, 케이지 내부에 있는 물체는 전기장의 효과로부터 차단된다. 그러나 패러데이 케이지는 지구자기장처럼 안정되거나 천천히 변하는 자기장은 차단하지 못한다. 따라서 패러데이 케이지 안에서도 나침반은 작동한다.

번개가 쳐도 금속망 안에서는 안전하다

패러데이 케이지에서는 도체 물질 내부의 전하들이 전기장의 효과를 없애는 쪽으로 분포되기 때문에 외부 전기장이 차폐된다. 이 현상은 라디오파 간섭으로부터 민감한 전자기

기를 보호하는 데 사용된다. 또한 라디오파 발생기로부터 라디오파 간섭이 나오는 것을 둘러막아 라디오파가 주변에 있는 다른 기기에 영향을 미치는 것을 막는 데 사용된다. 또한 케이지 내부로 전류가 통하지 못하므로 번개가 칠 때 전류로부터 사람이나 장비들을 보호하는 데도 사용된다.

2. 전류

전기장 내에 놓여 있는 전하는 전기력을 받아서 이동하며 전하의 흐름을 전류라고 한다. 전류가 흐르는 것은 전위차 때문이며 전류의 크기는 전압의 차이에 비례해서 흐른다. 전류의 단위로는 암페어(A)를 쓰는데 1A는 1초 동안에 1쿨롱(C)의 전하가 이동할 때의 세기를 말한다.

전선에서의 전기적 충격

만일 조경사가 나무를 전지하다가 나무 끝이 고압선에 닿거나 실수로 고압선을 만지면 감전되어 전기적 충격을 받는다. 그 이유는 전위차에 의해서 몸을 통해 전류가 흐르기

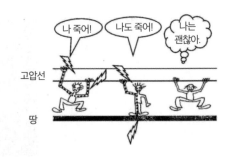

때문이다. 또한 땅에 서서 전선을 만져도 전선과 땅 사이의 전위차 때문에 충격을 받게 된다. 그러나 한 가닥의 전선에 대롱대롱 매달려 있으면 전위차가 발생되지 않아 감전되지 않는다.

고압선 자체가 위험한 것은 아니다

고압선에 앉은 참새가 위험하지 않은 것은 마치 해발 1,000미터의 높은 산이 위험하지 않은 것과 같다. 만일 1,000미터 능선만 따라서 걷는다면 산의 높이 자체가 위험을 주지는 않는다. 그러나 갑자기 낭떠러지

에 한 발을 디뎌서 아래로 떨어지면 위험하다. 한 손으로 고압선을 잡고 다른 한 손으로 다른 고압선을 잡거나 몸의 일부를 땅에 대는 것은 한 발은 낭떠러지 위에 있고 다른 한 발은 낭떠러지 아래로 내딛는 것과 마찬가지로 위험하다.

새들은 고압선에 앉아도 감전되지 않는다

전신주에는 서로 다른 전위를 가진 두 개의 전선이 있는데 참새들은 고압선에 앉아 있어도 전혀 전기적인 충격을 받지 않는다. 그것은 참새들이 두 발을 모두 같은 전선

위에 얹고 앉아 있기 때문에 두 다리는 같은 전위이므로 새의 몸을 통해서 전류가 흐르지 않기 때문이다. 그러나 만일 새가 날개나 다리를 뻗쳐서 다른 전선에 닿으면 전자가 움직일 수 있는 회로가 만들어져서 새는 즉시 감전된다. 그 이유는 전위차에 의해서 전류가 흐르기 때문이다. 또한 두 개의 고압선을 동시에 만져도 전기적으로 충격을 받는다.

몸의 저항

감전 사고는 몸을 통해 흐르는 전류 때문에 일어난다. 전류는 전압뿐 아니라 몸의 저항에도 관련되어 있다. 몸의 저항은 건조한 상태에서는

500,000옴이며 마른 손가락으로 건전지의 두 단자를 만질 때 몸의 저항은 약 100,000옴, 땀이 나서 피부가 소금 막에 덮여 있을 때는 1,000옴 정도이다. 따라서 발과 땅이 젖어 있다면 저항이 작아져서 몸을 다치게 할 정도로 큰 전류가 흐른다.

도시를 움직이는 전기

데무스는 말년에 그의 고향인 랭카스터가 산업화되는 모습을 담은 풍경화를 대단히 기념비적이고 대담한 모습으로 묘사했다. 그의 작품 〈…그리고 용감한 사람들의 집〉에서 그는 단순화된 기계류에 영감을 받아 미국의 현대화를 대표하는 공장을 직선형의 테를 가진 스타일을 사용하여 그렸다. 이 작품의 제목은 미국 국가의 마지막 구절을 인용한 것이다.

Charles Demuth, …And the Home of the Brave, 1931

미술 | 데무스는 정밀주의 스타일의 미국 화가이다. 정밀주의는 입체파와 미래파의 영향을 받아 산업화와 근대화를 주제로 삼고 고층 빌딩, 다리, 공장 등의 새로운 미국 풍경을 정확한 기하학적 형태로 묘사

했다. 데무스의 대표작은 〈나는
금으로 된 숫자 5를 보았다〉이
다. 화가는 밤에 소방차가 경적
을 울리면서 지나갈 때 영감을
얻어 이 그림을 그렸는데 숫자 5
가 세 번 반복되며 점차적으로
작아지므로 보는 사람으로 하여
금 멀어져 가는 소방차를 인상
깊게 만든다. 이 작품은 2013년

I Saw the Figure 5 in Gold, 1928

미국 우정청이 현대미술을 기념하여 발행한 우표 12장에 포함되
어 있다.

물리 │ 전기회로

전선을 연결하는 데는 직렬연결과 병렬연결이 있다. 직렬연결은
전류가 한 가닥의 전선을 통해서 흐르는 것이고 병렬연결은 여러
가닥의 전선을 통해서 흐른다. 따라서 직렬연결이 되어 있는 전기
회로에서는 전선이 끊어지면 모든 전력 공급이 중단되는 반면 병
렬연결의 경우는 끊어진 전선만 전류가 흐르지 않고 다른 전선을
통해서는 전류가 흐른다.

전류

전류는 직류이거나 교류이다. 직류는 한쪽 방향으로만 전류가 흐른

다. 건전지의 단자는 항상 같은 극을 유지하기 때문에 전기회로에서 한 쪽 방향으로만 전류가 흐른다. 소형 전자계산기나 휴대용 녹음기, 트랜지스터라디오 등과 같이 건전지에 의해 작동되는 전기 장치의 전류는 직류이다. 이와는 달리 교류는 전기회로에서 전자가 서로 다른 방향으로 교대로 흐른다. 교류는 전압을 조절하기 쉽고 먼 거리를 보낼 때 저항에 의해 열로 손실되는 것을 줄일 수 있다.

에디슨과 테슬라

에디슨은 직류로 전기를 전송하는 방법을 개발했으나 직류전송은 저항을 줄이기 위해 굵은 전선을 사용해야 하고 거리에 따라 전력 손실도 컸다. 이에 반해 테슬라는 전기가 흐르는 방향이 주기적으로 바뀌는 전기로 전류를 보낼 때 직류에 비해 손실이 적은 교류를 발명했다. 후에 에디슨의 직류식과 테슬라의 교류식 사이에 거대한 세력 투쟁이 일어나게 되었는데, 결국은 테슬라의 체계가 승리했으며 테슬라가 개발한 교류 체계는 지금도 표준이 되고 있다.

노벨상을 거부한 테슬라

에디슨은 테슬라에게 전기를 싼값에 효과적으로 전달하는 방법을 고안하면 거액을 안겨 주겠다고 약속하여 테슬라는 효율적인 교류 시스템을 만들었지만 에디슨은 보상에 대한 약속을 어겼다. 이에 테슬라는

에디슨에게 사표를 냈으며 이 둘 사이에는 직류-교류 전쟁이라고 할
정도의 심각한 감정싸움이 일어났다. 그 후 1915년 뉴욕타임스에 테슬
라와 에디슨이 노벨물리학상 공동수상자로 선정됐다는 기사가 났지만
결국 둘 다 노벨상을 받지 못했는데 테슬라가 에디슨과 함께 상 받기를
거부했기 때문이라는 설이 있다.

3. 자석

자석은 이미 기원전부터 중국에서 발견되었으나, 자석이 남북 방향을
가리킨다는 사실은 기원 전후에 알려진 것으로 추정된다. 옛날 중국의
상인들은 천연자석이 남쪽을 가리킨다고 하여 지남철指南鐵이라고 했으
며, 실크로드를 따라 여행할 때뿐만 아니라 망망대해를 항해할 때도 길
을 잃지 않게 지남철을 이용했다고 한다. 자석은 당시에 중국에 왔던 아
랍 상인들을 통해 유럽까지 알려지게 되었으며 1,600년경에 영국의 길
버트는 자석이 지구의 남극과 북극을 가리키는 것은 지구 자체가 하나
의 거대한 자석이기 때문이라고 생각하고 지구의 자기장을 조사했다.

자석은 자기장을 만든다

자기력의 영향을 받는 공간을 자기장이라고 하며 자기장의 단위는
테슬라(T)로 나타낸다. 자석의 양 끝 부근에 자기력이 집중되어 있는 장
소를 자기극磁氣極이라고 한다. 자기극으로는 N극과 S극, 두 종류가 있

으며 같은 극끼리는 밀어내고 다른 극끼리는 끌어당긴다. 두 극 사이의 힘은 거리의 제곱에 반비례하고 자기극의 세기에 비례하는 쿨롱의 법칙에 따른다. 자기극의 세기와 두 극 사이의 거리의 곱을 자기모멘트라고 정의한다. 자기모멘트는 그 방향을 생각하여 S극으로부터 N극으로 향하는 벡터로 나타낸다. 두 개의 자기모멘트 사이의 힘을 계산하면 거리의 4제곱에 반비례한다. 이것은 두 개의 자석 사이의 인력이 접근되어 있을 때는 강하고 떨어지면 급속히 약해지기 때문이다. 또한 다른 극끼리는 서로 당겨서 자기극을 상쇄하여 전체의 합성모멘트가 작아지도록 위치하고자 한다.

영구자석

자화는 자기구역의 모양, 배치, 방향 등이 바뀜으로써 진행된다. 이들이 변하기 어려운 구조를 지닌 물질은 일단 자화되면 자기장을 0으로 해도 원래대로 돌아가지 않고 자기모멘트가 남는다. 이 잔류자화가 큰 것이 영구자석이며 강한 자석을 만들기 위하여 니켈과 코발트를 포함한 강철 합금이 사용된다.

자석은 쇠붙이를 끌어당긴다

셸리그만의 〈자석 산〉은 사악한 구성에 관한 초현실주의 작품이며 그림에 신화와 에소터시즘이 내포되어 있다. 캔버스에 그려진 구불구불한 형태와 신화적인 성분은 그 후 새로운 세대의 예술가들에게 초자연주의 영향을 주었다.

Kert Seligmann,
Magnetic
Mountain, 1948

물리 | 전자석은 연철심 둘레에 코일을 여러 겹 감은 것인데, 코일에 전류를 통했을 때만 자기력이 나타나는 일시 자석이지만, 영구자석보다 강한 자기력을 얻을 수 있다. 또 전류의 세기에 따라 자기력의 세기를 조절할 수 있는 장점이 있다. 이와 같은 이유로 전자석은 전화기의 수화기를 비롯하여 입자가속기 같은 강한 자기장을 필요로 하는 분야까지 널리 응용된다. 일시 자석의 자성체는 전류를 끊으면 자기장이 0이 되고 자화되기 쉬운 물질이다. 순철은 자기력이 약하므로 자석이라고 부르기 어려운 물질이지만 바깥쪽에 코일을 감고 전류를 흐르게 하면 전류가 흐르고 있는 동안에는 강한 자기력을 나타낸다. 이러한 원형회로의 자기작용을 이용한 자석이 1820년 프랑스의 아라고^{Arago}에 의해서 발명된 전자석이

다. 이 자석은 연철심 둘레에 코일을 여러 겹 감은 것인데, 코일에 전류를 통했을 때만 자기력이 나타나는 일시 자석이지만, 영구자석보다 강한 자기력을 얻을 수 있다. 또 전류의 세기에 따라 자기력의 세기를 조절할 수 있다.

미술 | 셀리그만은 초현실주의 화가이자 조각가이며 중세시대의 음유시인과 아울러 섬뜩한 의식에 참여하는 기병과 기사의 환상적인 이미지로 유명하다. 그는 고향인 스위스 바젤에서 매년 개최되는 축제 의식에서 이러한

Witches, 1950

작품의 영감을 받았다고 한다. 그의 대표작 중 〈Witches〉는 런던 소더비 경매 초자연주의 아트 세일에서 262,000달러에 거래되어 이 분야의 최고가 기록을 세웠다.

전자석

순철은 자기력이 약한 물질이지만 바깥쪽에 코일을 감고 전류를 흘리면 강한 자기력을 나타낸다. 이러한 코일의 자기작용을 이용한 자석이 1820년 프랑스의 아라고Arago에 의해서 발명된 전자석이다.

원형 도선에 전류가 흐를 때 만들어지는 자기장

도선이 원형으로 휘어져 있을 때도 자기장이 형성된다. 전류의 방향으로 엄지손가락을 폈을 때 전선을 잡은 네 손가락의 방향이 자기장의 방향이다. 원형 전류 중심에서의 자기장은 전류의 세기에 비례하고, 원형 도선의 반지름에 반비례한다.

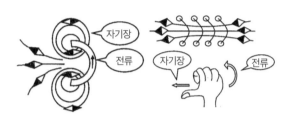

직선 도선에 전류가 흐를 때 만들어지는 자기장

전류는 음전기를 가진 전자의 흐름이다. 그런데 전자가 이동할 때는 전자를 중심으로 자기장이 형성되므로 전류가 흐르는 도선에는 자기장이 형성된다. 또한 전류가 흐르는 도선 주위에 나침반을 놓아두면 자기장은 전류와 수직인 평면상에서 동심원 형태로 만들어진다. 이는 전류의 방향으로 엄지손가락을 폈을 때 전선을 잡은 네 손가락의 방향이 자기장의 방향이라고 생각하면 자기장의 방향을 알기 쉽다.

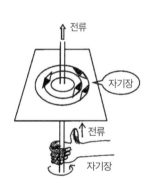

전류는 자기장 속에서 힘을 받는다

자석과 자석을 가까이 놓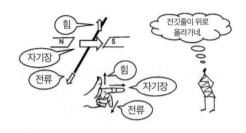으면 각각의 자석에 의한 자기장에 의해 힘을 받게 된다. 전류가 흐르는 도선에서도 자기장이 형성되므로, 도선이 자기장 속에 놓이게 되면 도선에 흐르는 전류가 만드는 자기장과 외부 자기장이 상호작용을 하여 도선은 힘을 받는다. 도선에 전류가 흐르면 도선 주위에 자기장이 생기므로 전류가 흐르는 도선 주위에 가벼운 자석 혹은 자침을 놓으면 힘을 받아 움직이게 된다. 이와 같이 자기장으로부터 전류가 흐르는 도선이 받는 힘을 전자기력이라고 한다. 자기장 내에 있는 도선에 작용하는 힘은 전류의 방향이 자기장의 방향과 수직일 때 최대로 되고, 나란하면 0이 된다.

전류가 자기장에서 받는 힘의 방향은 왼손의 엄지손가락, 둘째 손가락, 셋째 손가락을 서로 수직이 되게 폈을 때, 둘째 손가락을 자기장, 셋째 손가락을 전류의 방향으로 하면 엄지손가락이 가리키는 방향이 힘의 방향이 된다. 이것을 플레밍의 왼손 법칙이라고 한다.

4. 전자기 유도

1820년에 외르스테드는 청중들에게 전류가 흐르면 전구에 불이 켜지는 것을 실험으로 보여주기 위하여 건전지에 연결된 전구를 강단 위에 얹어 놓았다. 그 옆에는 우연히 나침반도 놓여 있었다. 외르스테드가 전기 스위치를 눌러 전선에 전류가 흐르자 전구에 불이 켜짐과 동시에 전혀 예상하지 않았던 나침반의 자침이 움직였다. 나침반의 자침은 자석에 의해서 회전하므로 외르스테드는 전류가 흐르면 그 주위에 자기장이 생긴다고 결론을 내렸다. 그때까지는 자기장이란 자석 주위에만 생기고 전기와 자기는 전혀 별개의 것인 줄 알고 있었는데 전기에 의해 자기적 성질이 생기는 것을 최초로 발견하게 된 것이다. 이것은 전선에 전류가 흐를 때 전선이 자석처럼 행동하는 것을 나타내는 첫 번째 사건이었다. 이러한 현상으로부터 전기와 자기 사이의 관계를 밝혀 전자기력을 처음으로 확인하는 실험이 되었다. 자화된 바늘이 전류에 의해서 방향을 바꾼다는 외르스테드의 발견에 의해서 전자기학이 탄생되었다.

전기와 자기는 떨어질 수 없는 사이

앙투안 장 그로의 〈마이스터 자매의 초상화〉는 결혼식을 앞두고 있는 자매의 다정한 자태를 묘사하고 있다. 흰 드레스와 면사포를 쓰고 있는 신부를 검은 드레스를 입은 자매가 허리를 감싸 안고 포즈를 취하고 있다. 두 자매는 모두 긴 머리를 하고 있으며 그동안 친밀하게 지냈으나 결혼식 이후에는 그럴 수 없다는 아쉬움으로 그들의 표정에는 비장함

Antoine-Jean Gros, Portrait of the Maistre Sisters, 1796

까지도 느껴진다. 작가는 흰색
과 검은색을 대비시켜 흑백의
조화를 아름답게 나타냈다.

Bonaparte Visiting the Plaque Victims of Jaffa, 1804

미술 | 앙투안 장 그로는 프랑스
의 신고전주의 화가로서
지휘관과 상류층의 초상
화를 그려 대중의 관심을 끌었다. 그는 〈자파의 전염병 희생자를
방문하는 보나파르트〉를 1804년 살롱에 출품하여 성공적인 화가
로서의 경력을 시작했으며 나폴레옹의 전투를 주제로 하여 전쟁
의 공포를 사실적으로 묘사했다.

물리 | 전자기유도

그림 속의 두 자매는 같은 듯하면서도 다르고 다른 듯하면서도 같
다는 느낌을 준다. 전자기파의 전파와 자파는 그림 속의 자매같이
서로 유사하면서도 다른 성질을 가지고 있으며 항상 서로 붙어 있
는 상태로 존재한다. 전자기파는 세기가 주기적으로 변하며 공간
에 전파된다. 패러데이는 전선을 가로지르는 자기장이 변하면 전
류가 유도되는 전자기유도 현상을 발견했으며 외르스테드는 전류
가 전선 주위에 자기장을 만드는 것을 발견했다.

외르스테드가 발견한 전자기 현상

전선에 생긴 자기
장은 나침반 바늘의
자기장과 상호 작용
을 했다. 그는 전선
에 전류가 흐르면 자
석처럼 행동한다는
것을 보여주었다. 전

류의 방향을 바꾸면 바늘의 움직임도 반대가 되었다. 전류는 전선 주위
에 자기장을 만든다.

전기와 자기를 통합하는 외르스테드의 발견은 인류 역사 이래 과학
분야에서 가장 위대한 발견 중의 하나로 평가받고 있다. 이 발견은 전기
와 자기에 대한 연구가 별도로 진행되는 가운데 도선에 전류가 흐르면
전류 주위에 자기장이 형성된다는 사실로부터 전기와 자기 현상이 서
로 밀접하게 연관된 현상임을 알게 된 것이다. 실제로 자석의 내부 구조
를 보면 자석을 이루는 원자 내부에서 회전하는 전자들이 만드는 전류
에 의해 자석이 된 것이다. 그것은 철심에 도선을 감아 전류를 흘려주면
바로 전자석을 만들 수 있는 것과 같은 이치이다.

만일 자석을 전선 코일 안으로 움직이면 전선의 양 끝 단을 가로질러
전압이 유도되어 전선에 유도전류가 발생된다. 자석을 코일 밖으로 움
직이면 전류의 방향이 변한다. 따라서 자기장에 대하여 자석이 정지해
있으면 전압이 발생되지 않고 전류가 흐르지 않는다.

전동기와 발전기

외르스테드는 전류가 자석을 움직이
게 한다는 사실을 발견했고, 패러데이
는 이와는 반대로 자석을 움직여 주면
전류가 흐른다는 전자기유도 현상을

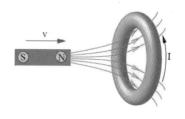

발견했다. 전자는 모터를 회전시키는 전동기의 원리이고 후자는 전기
에너지를 얻을 수 있는 발전기의 원리이다.

패러데이의 전자기유도 법칙

코일에 자석을 접근
시키면 코일 주변에 자
기장의 세기가 강해진
다. 즉 코일 주변에 자
기장의 변화가 생기게

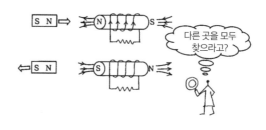

되고 이로 인해 코일 속에 있던 전하들이 움직여 전류가 흐르게 된다.
반대로 자석을 코일에서 멀리하면 코일 주변의 자기장이 약해지므로
자기장의 변화가 생겨서 유도전류가 흐르게 된다. 이때 유도전류가 흐
르는 코일은 자석이 되는데 위에서 움직이는 자석의 운동을 방해하는
방향의 자석이 된다. 즉 자석의 N극을 코일에 넣으면 N극이 들어오지
못하게 코일에도 N극이 생기고, 반대로 N극을 코일에서 멀리하면 S극
이 생긴다. 전자기유도 법칙이 중요한 이유는 전기와 자기가 본질적으
로 연결되어 있다는 것을 보여주었고, 전자기장이라는 독특하고 중요

461

한 물리 개념을 가져오는 데 큰 역할을 했기 때문이다.

자석으로 전기를 만든다

자석을 코일 근처에서 움직이면 코일에는 전류가 흐르게 된다. 이러한 현상이 일어나는 이유는 코일의 주위에 자기장의 변화가 생겨 전류를 흐르게 하는 기전력을

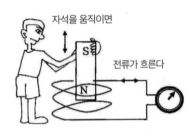

발생시키기 때문이다. 이런 현상을 전자기유도라 하며 이때 흐르는 전류를 유도전류라 한다. 유도전류가 흐르는 것은 전위의 차이가 생기기 때문인데 이를 유도기전력 또는 유도전압이라 한다.

자석이 코일에서 움직이는 속도가 빠르면 코일에는 더 많은 유도전류가 흐르며 자석이 멈추어 있으면 유도전류가 생기지 않는다. 이것은 유도전류가 발생하는 것이 자기장의 변화하는 정도에 따라 다르다는 것을 말해 주는 것이다. 또, 발생하는 유도전류는 코일의 감긴 횟수에 따라서도 달라진다. 패러데이는 이와 같은 현상을 관찰하여 발생하는 유도기전력은 코일의 면을 지나는 자속의 시간적 변화율과 코일의 감은 횟수에 비례한다는 패러데이의 전자기유도 법칙을 발견했다. 이와 같이 자기장에 의해 발생된 유도전류는 전기를 발생시키는 발전기의 원리이며, 실제로 발전소에서는 자석을 돌려서 자기장의 변화를 일으켜 전류를 만든다.

전파과학사에서는 독자 여러분의 책에 관한 아이디어와 원고 투고를 기다리고 있습니다. 전파과학사의 임프린트 디아스포라 출판사는 종교(기독교), 경제 · 경영서, 문학, 건강, 취미 등 다양한 장르의 국내 저자와 해외 번역서를 준비하고 있습니다. 출간을 고민하고 계신 분들은 이메일 chonpa2@hanmail.net로 간단한 개요와 취지, 연락처 등을 적어 보내주세요.

과학, 명화에 숨다

| 명화 속 물리 이야기 |

1판 1쇄 찍음 | 2022년 11월 8일
1판 1쇄 펴냄 | 2022년 11월 15일

지은이 | 김달우
펴낸이 | 손영일
편집 | 손동민
디자인 | 기민주

펴낸곳 | 전파과학사
출판등록 | 1956년 7월 23일 제10-89호
주소 | 서울시 서대문구 증가로 18(연희빌딩), 204호
전화 | 02-333-8877(8855)
FAX | 02-334-8092
E-mail | chonpa2@hanmail.net
홈페이지 | www.s-wave.co.kr
공식블로그 | http://blog.naver.com/siencia

ISBN | 978-89-7044-380-5 03400